军迷·武器爱好者丛书

美国尖端武器

吕　辉/编著

JUNMI WUQI AIHAOZHE CONGSHU

海豚出版社
DOLPHIN BOOKS
CICG 中国国际传播集团

前 言

美国是当今世界上的军事强国，其军事实力在多个领域均保持领先地位。下面大体梳理一下美国军队的武器装备表现突出的 6 个领域：

第一是航空母舰。航空母舰对于美国的重要性不仅仅体现在美国海军的体系建设方面，其整体的战略价值非常重要。美国现有 11 艘核动力航空母舰，包含 1 艘新建的核动力航空母舰"福特"号和 10 艘尼米兹级核动力航空母舰。

第二是核潜艇。虽说核潜艇经常在水下活动，透明度不高，但它的威慑力却非常强大。美国部分核潜艇带有"战斧"巡航导弹，对陆攻击射程很远，甚至可以超过 2000 千米。

第三是战略轰炸机。美国空军的实力在世界范围内相当可观，尤其是由 B-2、B-1B、B-52H 组成的战略轰炸机家族，其震慑力不容小觑。如 B-2 轰炸机可以携带多枚巡航导弹，B-52H 轰炸机所擅长的"凌空轰炸"对一般国家的威慑力还是非常大的。

第四是战斗机。目前，美国空军的战斗机都朝着轻型隐身的方向发展，其中最先进的两款隐形战斗机为 F-22A、F-35A，这两款战机各有所长，但综合实力都非常强大。

第五是导弹和火箭炮。20 世纪 90 年代以后，美国陆军装备轻型化，导弹和火箭炮也朝着可用战术运输机进行空运的方向发展。比如我们耳熟能详的 M142"海马斯"高机动性多管火箭系统、M270 多管火箭发射系统、FGM-148"标枪"反坦克导弹等。

第六是战车。美国陆军战车有 M1"艾布拉姆斯"主战坦克、"史崔克"装甲车、重型增程机动战术卡车等，名声最大的则是高机动性、多用途轮式车辆，也就是我们俗称的"悍马"。

目录

● 美国空军

● 美国陆军

美国海军

　　在美国独立战争期间，乔治·华盛顿为了截获英国的补给船，租赁了"汉那"号木板船，将其改装并配备了几门加农炮，这便是美国海军的前身——大陆海军的第一艘船。

　　由于美国船只经常受到北非海盗的袭击，遂在1794年组建了美国海军，并订造了6艘军舰，即"宪法"号、"群星"号、"合众国"号、"国会"号、"总统"号和"切萨皮克"号。

　　美国海军真正登上世界舞台是在第二次世界大战期间。在这场大战前，美国依靠其强大的工业实力和经济实力，以及特殊的地理位置，建立起一支世界海军史上空前规模的超级海上舰队。从欧洲战场到太平洋战场，从"珍珠港事件"到日本在"密苏里"号战舰上签署投降书，都能见到美国海军的身影。到第二次世界大战结束时，美国海军拥有的重型水面作战舰只数量和航空母舰数量，都处于世界领先地位。

　　在随后的冷战中，美国海军不管是规模还是质量，都得到了空前的发展。

　　进入21世纪后，虽然舰只和军职人员有所减少，但美国海军依然投入巨资发展其舰船技术，美国海军舰只的吨位在世界各国海军中仍处于领先地位。

尼米兹级航空母舰

■ 简要介绍

　　尼米兹级航空母舰是美国海军现役的一款核动力多用途航空母舰，以强大的作战能力和远洋航行能力成为美国海军远洋战斗群的核心力量。该级航空母舰以第二次世界大战时期的太平洋舰队司令切斯特·威廉·尼米兹命名，自 1975 年首舰服役以来，已有 10 艘加入美国海军现役，是以吨位大、在役数量多著称的核动力航空母舰。

　　尼米兹级航空母舰的研发始于 20 世纪 60 年代，是在"企业"号核动力航空母舰的基础上发展而来的美国海军第二代大型核动力航空母舰。该级航空母舰采用双反应堆设计，动力强劲，满载排水量超过 10 万吨，能够搭载多种用途的舰载机，可对飞机、船只、潜艇和陆地目标发动攻击。

　　自服役以来，尼米兹级航空母舰一直是美国海军的一项重要战略资产，多次参与全球范围内的军事行动和演习，展现出卓越的作战能力和战略价值。

基本参数	
舰长	332.8米
舰宽	40.8米
高度	76.8米
吃水	11.3米
满载排水量	101196吨
动力系统	采用核动力推进
速度	31.5节
舰员编制	6054人

■ 性能特点

　　前两艘尼米兹级航空母舰配备 3 套短程防御导弹系统，每套由 1 个 MK-25 八联装防空导弹发射器以及 1 个 MK-71 雷达 / 光学瞄准平台控制构成；后续舰则改用 3 套改良型防御导弹系统，包含 MK-91 火控雷达与 MK-29 轻量化八联装发射器，并加装 4 门 MK-15 近迫武器系统。前两艘在翻修时也装设了完整的海军战术资料系统以及反潜目标鉴定分析中心。

▲ 尼米兹级航空母舰巨大的机库

相关链接 >>

尼米兹级航空母舰一共建造了10艘，之后分别为"艾森豪威尔"号、"卡尔·文森"号、"罗斯福"号、"林肯"号、"华盛顿"号、"斯坦尼斯"号、"杜鲁门"号、"里根"号、"布什"号。

福特级航空母舰

■ 简要介绍

　　福特级航空母舰是美国第一种利用计算机辅助工具设计的新一代超级航空母舰，也是继企业级和尼米兹级之后的第三代核动力航空母舰。该级航空母舰以强大的作战能力和先进的技术设计，成为美国海军未来舰队的核心力量。

　　福特级航空母舰的研发始于1996年，作为尼米兹级航空母舰的后继项目，美国海军在设计中充分考虑了未来战争的需求和技术的发展趋势。经过多年的论证和试验，首舰"福特"号于2005年开工建造，并于2017年正式服役。该级航空母舰采用了许多创新技术，如电磁弹射系统、全电推进系统等，使其作战能力得到了显著提升。

　　截至目前，福特级航空母舰的首舰"福特"号已经服役多年，并完成了多次海上部署和作战任务。未来，美国海军计划建造更多福特级航空母舰，逐步替换现役的尼米兹级航空母舰，以保持其海上力量的领先地位。

基本参数	
舰长	337米
舰宽	41米
高度	76米
吃水	12米
满载排水量	112000吨
动力系统	采用核动力推进
速度	超过30节
舰员编制	4539人

■ 性能特点

　　首舰"福特"号航空母舰大量采用先进的侦测、电子战系统以及C4I设备，以符合美国海军未来IT-21联网作战的要求。其指挥管制中枢是共同作战指挥系统，能整合舰上一切指管通情系统与武器射控功能。其防卫武器包括MK-15 Block 1B密集阵近程防御武器系统、RAM"公羊"短程防空导弹发射器、MK-29"海麻雀"防空导弹发射器等。

▲ 福特级航空母舰

相关链接 >>

福特级航空母舰是美国第一种利用
计算机辅助工具设计的航空母舰，应用
虚拟影像技术，在设计过程中就能精确模拟
每一个设计细节，并且预先解决相关的布
局问题，对各部件实际制造的掌握精确
度也大幅提高。此外，设计阶段允许
多组团队在同一时间分别进行设计
开发，节约时间。

美国级两栖攻击舰

■ 简要介绍

美国级两栖攻击舰是美国海军研发的新一代两栖作战舰艇。其研发背景源于冷战结束后美国海军战略的重大调整，特别是《由海向陆》和《前沿存在——由海向陆》等战略白皮书的出台，强调了其远洋前沿进攻型的由海向陆战略。

在该级舰的研发过程中，美国海军综合考虑了多种设计方案，最终选择了在现有舰体基础上进行改进的方案，以控制成本并满足未来作战需求。美国级两栖攻击舰的首舰"美国"号于 2009 年开工建造，并于 2014 年正式服役。随后，该级舰的后续舰艇也相继开工建造并服役，其中"的黎波里"号于 2013 年开工建造，2020 年正式服役美国海军。

美国级两栖攻击舰在设计上强调了隐身性能、自动化及乘员的舒适性，并具备强大的航空作战和兵力投送能力。该级舰能够搭载直升机、起降战斗机等多种舰载飞行器，为海军陆战队提供强大的空中和水面支援。

基本参数	
舰长	257.3米
舰宽	32.3米
吃水	8.5米
满载排水量	45722吨
动力系统	2台LM2500燃气轮机
速度	20节
舰员编制	1059人

■ 性能特点

美国级两栖攻击舰为提高航空作战和兵力投送能力，特别设置了 2 个高帽区，每个高帽区安装了高架起重机用于舰载机维修；同时增加了航空燃油储量，可携带 3400 吨航空燃油，有效搭载近 38 架舰载机。该级舰装有 AN/SPQ-9B 火控雷达和 AN/SPS-48E 空中搜索雷达，电子战设备采用最新的 SUQ-32A(V)3 型电子对抗系统，具备预警、侦察、电子干扰等功能。

▲ 美国级两栖攻击舰

相关链接 >>

美国级两栖攻击舰上的攻击性武器并不多，主武器为2座20毫米6管MK-15 Block-1B密集阵近防炮，该型炮安装了改进型Ku波段搜索与跟踪雷达、新型炮内控制站和遥控站，并对计算机火控系统进行了升级，可进行24小时的被动搜索跟踪，具有多光谱探测和跟踪能力，提高了强电磁干扰环境下近程反导能力。

黄蜂级两栖攻击舰

■ 简要介绍

　　黄蜂级两栖攻击舰是美国海军的一款多用途两栖攻击舰，被定义为"直升机船坞登陆舰"。基于美国海军对提升两栖作战能力的需求，特别是在冷战后国际局势变化和美国海军战略调整的背景下，黄蜂级两栖攻击舰应运而生。

　　黄蜂级两栖攻击舰的研发继承并发展了美军第二代两栖攻击舰塔拉瓦级的设计理念和功能。该级舰以直升机和垂直短距起降战斗机为主要作战武器，具备强大的航空作战和兵力投送能力。

　　首艘黄蜂级两栖攻击舰于 1987 年 8 月 4 日下水，1989 年 7 月 29 日正式服役。目前，黄蜂级两栖攻击舰包括"黄蜂"号、"埃塞克斯"号等，共 8 艘。这些舰艇在命名上多沿用以往著名的航空母舰或两栖攻击舰的名字。黄蜂级两栖攻击舰不仅在美国海军中发挥着重要作用，还多次参与国际军事行动和人道主义救援任务，展现了其用途的广泛性。

基本参数

基本参数	
舰长	253.2米
舰宽	32米
吃水	8.1米
满载排水量	41150吨
动力系统	2台LM2500燃气轮机 2台锅炉
速度	24节
舰员编制	军官66人；士兵1004人 1894名海军陆战队官兵

■ 性能特点

　　黄蜂级两栖攻击舰被赋予操作 LCAC 气垫登陆艇以及 AV-8B 战斗机的能力。其舰内空间结构与塔拉瓦级相似，但压缩了舰内车库甲板和货舱甲板的面积，腾出空间以便容纳航空器及相关设施。它配备了 SWY-3 武器指挥系统与数字图像作战系统，指挥 MK-15 Block 1A 密集阵近迫武器系统以及北约"海麻雀"防空导弹进行防空作战。

▲ 黄蜂级两栖攻击舰

相关链接 >>

　　两栖攻击舰对于海军的重要性仅次于航空母舰和船坞登陆舰，主要是为登陆任务提供后方支援。不同于航空母舰和船坞登陆舰，两栖攻击舰更像是集两者的优点于一身。黄蜂级两栖攻击舰主要承担运输、部署、指挥和对海军陆战队的远征支援。该级舰艇拥有两栖攻击、两栖先遣部署和特种作战能力。

洛杉矶级攻击核潜艇

■ 简要介绍

　　洛杉矶级攻击核潜艇是美国海军于20世纪60年代末研发的一款快速攻击型核潜艇，也是美国第五代攻击核潜艇。该级潜艇以高速、多用途和强大的作战能力著称，是美国海军攻击核潜艇的中坚力量。

　　洛杉矶级攻击核潜艇的研发正值美苏冷战期间，面对苏联新研发的"维克托"级高速攻击型核潜艇的威胁，美国海军急需一种能长时间搜索、跟踪并进行多次攻击的新式武器。因此，美国从1964年起开始研发新型高速核潜艇。洛杉矶级攻击核潜艇的命名也反映出美国海军提升了对其重要性的认识，首次采用城市命名规则。

　　洛杉矶级攻击核潜艇的首艇"洛杉矶"号于1972年开工建造，1976年服役，到1996年共建造了62艘，成为美国海军有史以来建造数量最多的核潜艇。这些核潜艇由纽波特纽斯造船公司和通用动力电船公司联合建造，截至目前，洛杉矶级核攻击潜艇已有部分退役，仍有40艘在役。

基本参数

基本参数	
艇长	109.7米
艇宽	10.1米
吃水	9.9米
潜航深度	450米
排水量	水上：6080吨 潜航：6927吨
动力系统	1座S6G型压水反应堆 2台汽轮机
最高速度	水上：20节以上 潜行：30节
舰员编制	133人

■ 性能特点

　　洛杉矶级攻击核潜艇688-I型装备有BSY-1作战指挥控制系统。第一批中SSN688至SSN699初服役时安装有Mk-113 Mode10鱼雷射击指挥仪，后改装成可以指挥控制"沙布洛克"反潜导弹的Mk-117鱼雷射击指挥仪。第一批的31艘核潜艇可装备8枚从鱼雷管发射的"战斧"巡航导弹；第二批的31艘装备了12管巡航导弹垂直发射装置，总共可装载20枚"战斧"巡航导弹。

▲ 洛杉矶级核动力攻击型潜艇内部

相关链接 >>

从综合性能方面来说，洛杉矶级攻击核潜艇超过了美国海军以往研制的任何一种型号的攻击型核潜艇，它解决了美国海军的4个关键技术问题：一是发展先进的潜艇武器系统，增强攻击型核潜艇的作战能力；二是提高水下航速，改进水下高速航行时的稳定性；三是提高隐身性能；四是拓展攻击型核潜艇的多用途概念。

伊桑·艾伦级战略核潜艇

■ 简要介绍

伊桑·艾伦级战略核潜艇是美国海军隶下的一款核动力弹道导弹潜艇，被视为美国第二代弹道导弹核潜艇。该级核潜艇的研发主要是为了弥补乔治·华盛顿级战略核潜艇的一些缺陷，并装备新型"北极星"A2弹道导弹。

伊桑·艾伦级战略核潜艇的建造始于1959年，至1962年间共建造了5艘，分别以美国独立战争时期的传奇人物命名。

伊桑·艾伦级战略核潜艇采用了水滴型结构，耐压艇体采用了HY-80高强度钢，最大下潜深度达到300米，这一深度也成了其后美国海军各种型号弹道导弹核潜艇的标准下潜深度。该级核潜艇装备了16枚"北极星"A2型弹道导弹（后期换装为"北极星"A3型），以及4具533毫米鱼雷发射管作为自卫武器。

该级核潜艇在1961年至1963年间相继服役，进行了多次导弹发射试验和战略巡逻任务。至20世纪80年代初，部分潜艇被改装为攻击型核潜艇，主要用于训练和反潜演习任务，直至1991年，该级所有潜艇均退役。

基本参数	
艇长	125米
艇宽	10.1米
吃水	9.8米
排水量	7900吨
动力系统	S5W型压水堆
水下航速	46千米/时
舰员编制	130人

■ 性能特点

伊桑·艾伦级战略核潜艇艏部设有4具533毫米鱼雷发射管作为自卫武器，4具发射管分为左右各2具进行布置，每舷的2具鱼雷发射管共用一个液压缸，可填装"沙布洛克"远程反潜火箭，弹头可以装载MK46或MK44自导鱼雷。艇上的声呐设备为AN/BQS-4主动声呐和AN/BQR-2B被动声呐，此外还装备了用于警戒和搜索跟踪的AN/BQR-7被动声呐。

相关链接 >>

尽管伊桑·艾伦级战略核潜艇被归类为美国海军的第二代弹道导弹核潜艇，但事实上，它从一开始就被设计为标准的弹道导弹核潜艇。因此，该级核潜艇在其设计初期就奠定了坚实的基础，为美国海军后续多种型号的弹道导弹核潜艇提供了丰富的设计灵感和宝贵参考。

▲ 伊桑·艾伦级战略核潜艇

海狼级攻击核潜艇

■ 简要介绍

海狼级攻击核潜艇是美国海军在20世纪80年代至21世纪初建造的一款先进核潜艇，旨在执行反潜、反舰和对陆攻击等任务。其以高度自动化、高隐身性能和强大的武器系统而著称。

海狼级攻击核潜艇的研发始于冷战期间，其设计理念注重在开阔海域和沿海区域进行长时间潜伏和快速打击。经过一系列的研究和试验，首艘海狼级攻击核潜艇于1997年正式服役。然而，由于预算限制和国际形势的变化，原计划建造的海狼级攻击核潜艇数量最终并未全部实现。尽管如此，已服役的海狼级攻击核潜艇仍在美国海军中发挥着重要作用，展示了其卓越的隐蔽性和强大的作战能力。

基本参数	
艇长	107.6 米
艇宽	12.2 米
吃水	10.7 米
潜航深度	610 米
排水量	水上：7568 吨 潜航：9142 吨
动力系统	1座S6W型压水反应堆 1具备用柴油推进系统
最高速度	水上：20 节以上 潜航：35 节
舰员编制	133 人

■ 性能特点

海狼级攻击核潜艇共有8具鱼雷管，较以往的美国潜艇多出1倍，因而每次装填武器之后能接战的次数多1倍，武器载量也增至50枚。由于海狼级攻击核潜艇是专门用来"猎杀"敌方潜艇的，所以并未配备对陆巡航导弹的垂直发射系统。艇上可用的武装包括MK-48鱼雷先进能力型、"鱼叉"反舰导弹、"战斧"巡航导弹等，未来也会配备发展中的先进巡航导弹。

▲ 海狼级核动力攻击型潜艇内部

相关链接 >>

　　海狼级攻击核潜艇的命名与编号严重打乱了美国海军的命名规则：SSN-21本是计划代号，后来竟变成首舰编号。"海狼"也打破了自洛杉矶级攻击核潜艇后启用的城市命名规则，重返以往潜艇的海洋生物命名规则，但第二艘以"康涅狄格州"为名，第三艘又以前总统"吉米·卡特"命名，理由是他从军时曾在潜艇上服役。

弗吉尼亚级攻击核潜艇

■ 简要介绍

弗吉尼亚级攻击核潜艇是美国海军于20世纪90年代研发的一款主力攻击型核潜艇，具备高隐身性能、多任务执行能力和先进的武器系统。

弗吉尼亚级攻击核潜艇的研发始于冷战结束后，美国海军为应对新的战略环境，急需一种既经济又具高性能的攻击型核潜艇来替代即将退役的洛杉矶级攻击核潜艇，并同时满足远洋和近海作战需求。该项目于20世纪90年代初开始论证，1998年正式开工建造首艇"弗吉尼亚"号。在研发过程中借鉴了海狼级攻击核潜艇的先进技术，并进行了多项创新设计，以降低成本并提升作战效能。

弗吉尼亚级首艇"弗吉尼亚"号于2004年正式服役。截至目前，已有数十艘弗吉尼亚级攻击核潜艇陆续服役，成为美国海军近海和远洋作战的重要力量。这些核潜艇在执行反潜、反舰、对陆攻击、情报收集与监视等多种任务中均表现出色，展示了卓越的性能和广泛的用途。

基本参数

基本参数	
艇长	114.91米
艇宽	10.36米
吃水	9.3米
潜航深度	450米
潜航排水量	7800吨
动力系统	1座S9G型压水堆 2台汽轮机主机 1台辅助应急推进电机
最高速度	水上：25节以上 潜行：28节
舰员编制	134人

■ 性能特点

弗吉尼亚级攻击核潜艇在艇艏球形声呐的后方装备有12个巡航导弹垂直发射筒，可发射射程为2500千米的对陆攻击型"战斧"巡航导弹，能够对陆地纵深目标实施打击。另外，该级核潜艇还装备了4具鱼雷发射管，可以发射MK48型鱼雷、"鱼叉"反舰导弹以及布放Mk67/Mk60"捕食者"水雷等。

相关链接 >>

弗吉尼亚级攻击核潜艇是美国海军第一次同时针对大洋和浅海两种环境设计作战的攻击型核潜艇，它采用自动导航控制设备，主要突出其近海作战能力，包括执行攻击式/防御式布雷、扫雷、特种部队投送/回撤输送系统、支援航空母舰作战编队、情报收集与监视、使用新型"战斧"巡航导弹精确打击陆上目标等任务。

▲ 弗吉尼亚级攻击核潜艇

俄亥俄级巡航导弹核潜艇

■ 简要介绍

俄亥俄级巡航导弹核潜艇是美国海军的一类特殊潜艇，它是在原有俄亥俄级弹道导弹核潜艇的基础上，经过改装而成的巡航导弹核潜艇。这类潜艇主要携带常规弹头的巡航导弹，而非核弹头，因此其任务性质发生了显著变化，但仍保持了俄亥俄级弹道导弹潜艇的卓越性能和先进技术。

俄亥俄级巡航导弹核潜艇原本计划全部作为弹道导弹核潜艇服役，但随着时间的推移，部分潜艇因老化不再适合承担战略核威慑巡航任务。所以，2022年美国海军决定对这些潜艇进行改装，使其转变为携带常规制导导弹的巡航导弹核潜艇。这一改装工程涉及对潜艇内部结构的重新布局、武器系统的升级以及作战系统的调整等多个方面，旨在使这些潜艇在新的角色下发挥更大的作用。

经过改装的俄亥俄级巡航导弹核潜艇于2006年开始在美国海军服役。这些潜艇以强大的巡航导弹打击能力和良好的隐身性能，成为美国海军执行海上作战任务的重要力量。

基本参数	
艇长	170.7米
艇宽	12.8米
潜航深度	240米
排水量	水上：16764吨 潜航：18750吨
动力	1座S8G压水反应堆 2台传动涡轮发动机 1台325马力辅助发动机
最高速度	水上：12节 潜行：20节
舰员编制	军官15人；士兵140人

■ 性能特点

俄亥俄级巡航导弹核潜艇改装后，可以携带150多枚"战斧"巡航导弹，用于对地攻击。"战斧"为亚声速潜射巡航导弹，潜射方式可增加攻击隐蔽性和突然性。

▲ 俄亥俄级核动力巡航导弹潜艇

相关链接 >>

俄亥俄级巡航导弹核潜艇诞生后，这一大家族便分化为两个型别：改装为巡航导弹的4艘艇的舷号前缀艇种代号从SSN变为了SSGN，而从"亨利·杰克森"号开始的14艘依然保留了其携带潜射弹道导弹的战略核潜艇角色，舷号前缀艇种代号也从SSN变为了SSBN。因此严格来说，这14艘更准确地应该被称为亨利·杰克森级战略核潜艇。

俄亥俄级弹道导弹核潜艇

■ 简要介绍

　　俄亥俄级弹道导弹核潜艇是美国海军使用的一类先进战略核潜艇，被誉为"当代潜艇之王"。它们是美国海军的主要战略威慑力量，具备远程核打击能力，是美国"核三位一体"战略的重要组成部分。

　　俄亥俄级弹道导弹核潜艇的研发始于20世纪70年代，旨在取代当时已显老旧的乔治·华盛顿级和伊桑·艾伦级战略核潜艇，发展一种射程更远、噪声更小的新型战略核潜艇。经过多次修改和完善，俄亥俄级弹道导弹核潜艇最终采用自然循环核子反应炉，并大幅增加了导弹搭载量。

基本参数	
艇长	170.7米
艇宽	12.8米
潜航深度	240米
排水量	水上：16764吨 潜航：18750吨
动力系统	1座S8G压水堆 2台传动涡轮发动机 1台辅助发动机
最高速度	水上：12节 潜行：20节
舰员编制	155人

■ 性能特点

　　俄亥俄级弹道导弹核潜艇隐身能力强，弹道导弹搭载量大。前8艘都装载了"三叉戟"C–4弹道导弹，射程7400千米，圆概率误差约380米，并配备8枚MK–4多重独立目标重返载具。从9号"田纳西"号开始改装更具威力的"三叉戟–Ⅱ"型D–5洲际导弹，射程增加至12000千米；每一枚D–5最多可携带14枚MK–4型分导多弹头导弹，还可携带威力更强的MK–5型MIRV分导多弹头导弹。

相关链接 >>

俄亥俄级弹道导弹核潜艇的设计极为注重静音能力，轮机设备置于减震浮筏上。拥有两组蒸汽涡轮系统，一组用于高速航行，另一组在低速时使用，具有极佳的静音特性。在海狼级核潜艇服役前，俄亥俄级堪称是全世界最安静的核动力潜艇。

▲ 俄亥俄级核动力弹道导弹潜艇

提康德罗加级导弹巡洋舰

■ 简要介绍

提康德罗加级导弹巡洋舰是美国海军现役的唯一一级巡洋舰，也是美国海军第一款正式使用宙斯盾作战系统的主战舰艇，具备出色的防空、反潜和对海作战能力。该级巡洋舰以高度的自动化和信息化水平，成为美国海军舰队中的重要组成部分。

提康德罗加级导弹巡洋舰的研发始于20世纪70年代末至80年代初，其设计基于斯普鲁恩斯级驱逐舰的舰体结构，并做了多项技术改进和创新。在研发过程中，美国海军充分吸取了前代舰艇的经验教训，并结合当时最先进的技术成果，最终成功研制出了这款性能卓越的巡洋舰。

提康德罗加级导弹巡洋舰自1983年服役以来，一直是美国海军舰队的中坚力量。该级巡洋舰共建造了27艘，目前仍有部分舰艇在役。作为航空母舰战斗群的主要指挥中心，提康德罗加级导弹巡洋舰为航空母舰提供了强大的防空和反潜保护，并在多次国际军事行动中发挥了重要作用。

基本参数	
全长	172.8米
全宽	16.8米
吃水	6.5米
动力系统	4台LM2500燃气轮机
满载排水量	9590吨
最高速度	30节
舰员编制	364人

■ 性能特点

提康德罗加级导弹巡洋舰最引人注目的是首次装备了宙斯盾作战系统。该系统反应速度快，主雷达从搜索方式转为跟踪方式仅需0.05秒，能有效对付掠海飞行的超声速反舰导弹；抗干扰性能强，可在严重电子干扰环境下正常工作；可综合指挥舰上的各种武器，同时拦截来自空中、水面和水下的多个目标，还可对目标威胁进行评估，优先击毁威胁最大的目标。

相关链接 >>

提康德罗加级导弹巡洋舰作为美国海军现役唯一一级巡洋舰，其主要武器装备有：2门MK-45舰炮；2具MK-26 Mod5双臂发射器，可装填标准SM-2MR防空导弹或"阿斯洛克"反潜导弹；16组八联装MK-41垂直发射器，可装填标准SM-2防空导弹、"战斧"巡航导弹、垂直发射反潜导弹。21世纪又增加了ESSM短程防空导弹、SM-3反弹道导弹、战术型"战斧"巡航导弹等。

▲ 提康德罗加级导弹巡洋舰发射"战斧"巡航导弹

朱姆沃尔特级驱逐舰

■ 简要介绍

朱姆沃尔特级驱逐舰是美国海军新一代多用途对地打击宙斯盾舰，集成了众多尖端科技，展现了美国海军的科技实力和设计思想。该级舰被设计为高度隐身、高度自动化、强大火力的多用途舰艇，尤其是对地打击能力。

朱姆沃尔特级驱逐舰的研发始于 1997 年 7 月，是美国海军在冷战结束后为保持其海上优势而推出的重点项目。在研发过程中，美国海军采用了大量先进技术，如 MK-57 垂直发射系统、先进舰炮系统和整合式电力推进系统等，旨在提升舰艇的作战效能和生存能力。然而，由于建造技术的复杂性和成本问题，该级舰的研发和建造过程并不顺利，多次面临停滞和延期。

朱姆沃尔特级驱逐舰的首舰"朱姆沃尔特"号于 2016 年 10 月 15 日正式服役，随后其他舰艇也陆续加入美国海军的行列。然而，由于高昂的制造成本和作战效能的争议，该级舰的建造数量被大幅削减，原计划建造的 32 艘最终只建造了 3 艘。

基本参数	
全长	182.8米
全宽	24.1米
吃水	8.1米
动力系统	2台Rolls Royce MT-30燃气轮机 2台Rolls Royce 4500燃气轮机 2台永磁步进电机
满载排水量	14564吨
最高速度	30节
舰员编制	140人

■ 性能特点

朱姆沃尔特级驱逐舰的舰体、动力、通信、侦测、武器等都是尖端科技的结晶，其中有十大关键技术，包括：穿浪逆船舷舰体、MK-57 垂直发射系统、整合复合材料舰岛与孔径、红外线模型、整合式电力推进、双波段雷达、整合水下作战系统、先进舰炮系统、舰上共通运算环境、自动火灾抑制系统。

相关链接 >>

朱姆沃尔特级驱逐舰以联合防卫公司与雷神公司开发的周边垂直发射系统以及联合防卫公司的155毫米先进舰炮系统作为主要武器系统，配备数种垂直发射的对地攻击导弹，包括"战斧"巡航导弹、战术型巡航导弹、对地型标准导弹以及先进对地导弹，涵盖不同等级的射程范围并满足不同的需求。

▲ 朱姆沃尔特级驱逐舰

阿利·伯克级导弹驱逐舰

■ 简要介绍

阿利·伯克级导弹驱逐舰是美国海军以防空为主的多用途大型导弹驱逐舰，以宙斯盾战斗系统为核心，结合 MK-41 垂直发射系统，实现了高效的舰队防空和综合作战能力。该级舰是世界上最先配备四面相控阵雷达的驱逐舰，具有出色的目标搜索、跟踪和拦截能力。

阿利·伯克级导弹驱逐舰的研发始于 20 世纪 70 年代中期，最初被称为"DDX 计划"。该计划旨在替换老旧的导弹驱逐舰，并作为提康德罗加级导弹巡洋舰的补充力量。经过多轮设计和可行性研究，"DDX 计划"于 20 世纪 80 年代正式更名为"DDG-51"，即阿利·伯克级驱逐舰。首舰"阿利·伯克"号于 1988 年开工建造，1991 年服役。

阿利·伯克级导弹驱逐舰自服役以来，已成为美国海军水面舰队的核心力量之一。该级舰以其优异的性能和稳定性，在多次国际军事行动和演习中发挥了重要作用。截至当前，阿利·伯克级导弹驱逐舰仍在不断建造和改进升级中，以适应未来海上作战的需求。

基本参数	
全长	155.3米
全宽	20.1米
吃水	10.4米
动力系统	4台LM2500-30燃气涡轮发动机
满载排水量	约9558吨
最高速度	31节
舰员编制	军官32人；士兵348人

■ 性能特点

阿利·伯克级导弹驱逐舰是美国海军第一艘采用隐身设计的军舰，其上层结构向内倾斜收缩以降低雷达散射截面积，舰体一些垂直表面涂有雷达吸收材料，但其桅杆和甲板上的各种装备并没有采取隐身措施。该级舰装备了宙斯盾作战系统 SPY-1D 被动相控阵雷达和 MK-41 垂直发射系统。舰载武装有 MK-45 舰炮、SM-2 防空导弹、"战斧"巡航导弹、火箭助飞鱼雷等。

▲ 阿利·伯克级导弹驱逐舰

相关链接 >>

依照美国海军的计划，新造的阿利·伯克级导弹驱逐舰将逐次采用先进技术。在 2010 年—2011 年预算年度编列的 3 艘新阿利·伯克级相关作战系统的软件更换为最新版本，包括新开发的 AN/SQR-20 综合多功能线列阵声呐系统以及配套的 AN/SQQ-89A(V)15 水下作战系统。在 2012 预算年度建造的 6 艘改进型伯克 Flight 2A 则开始采用若干 DDG-1000 中的技术，包括全新电力供应系统与发电机。

佩里级导弹护卫舰

■ 简要介绍

　　佩里级导弹护卫舰是美国海军最后一级护卫舰，它以反潜作战任务为重心，同时加装标准 SM-1 区域防空导弹系统。舰上搭载两架 LAMPS 轻型空载反潜直升机，能维持更久的空中反潜巡逻。它肩负反潜作战、保护两栖部队登陆、护送舰队等任务。此外，本级舰也是美国战后建造的数量最多的护卫舰，并向近十个国家和地区输出。

　　佩里级导弹护卫舰从 1970 年 9 月开始研发，1971 年 5 月完成概念设计，1971 年 12 月完成初步设计。1972 年 4 月，确认由吉布斯·考克斯公司进行细部设计。1975 年 6 月，首舰"佩里"号安放龙骨，1976 年 9 月下水，1977 年 11 月交付美国海军。本级舰共建造 51 艘，2015 年 9 月 29 日，随着末舰"考夫曼"号的退役，佩里级导弹护卫舰全部退役。

基本参数

基本参数	
舰长	135.6~138米
舰宽	13.7米
吃水	4.9米
动力系统	2台特强燃气轮机
满载排水量	3660~4100吨
航速	30节
舰员编制	200人

■ 性能特点

　　佩里级导弹护卫舰的作战系统是"小型战术资料系统"，以 2 部 UYK-7 主计算机为核心，战情中心设有 1 具 MK-106 显控台和 1 具 MK-107 显控台，功能包括搜索追踪、作战控制、发射器指示、武器发射和发射后评估。其中 MK-106 显控台专门负责操作 CAS 组合天线系统，MK-l07 显控台负责操作 STIR 雷达，两台显控台均能显示舰上搜索雷达的信号。

▲ 佩里级导弹护卫舰

相关链接 >>

　　佩里级导弹护卫舰是以美国海军史上的民族英雄奥利弗·哈泽德·佩里（1785 — 1819）的名字来命名的。在 1812 年第二次英美战争中的伊利湖战役中，佩里统率美国舰队击溃英国舰队，接着，他又率领运兵舰队驰援底特律，击溃当地的英军并收复该城，另外，他还率军出征加拿大，在泰晤士河战役中击败英军，使美国在第二次英美战争中获得了决定性的胜利。

自由级濒海战斗舰

■ 简要介绍

自由级濒海战斗舰是美国海军隶下的一款快速、机动性强且灵活性高的水面舰艇，专为在濒海区域执行多样化任务而设计。

自由级濒海战斗舰的研发始于2002年，由美国洛克希德·马丁公司主导设计。该项目旨在满足21世纪初期日趋多元化的濒海作战及本土海岸线防卫需求。首舰"自由"号于2005年6月在威斯康星州的马里内特造船厂开工建造，2006年9月下水，2008年11月8日正式服役。

自由级濒海战斗舰自服役以来，已在美国海军中扮演了重要角色。它们可执行水雷战、反潜战、水面战和人道主义救援等多样化任务，但近年来该级舰也面临一些挑战和争议，包括发动机故障、作战模块更换困难等问题。

基本参数

基本参数	
全长	115.3米
全宽	13.16米
吃水	3.96米
动力系统	2台MT30燃气轮机 2台16PA6BSTC柴油发动机 4台V1708柴油发电机
满载排水量	3089吨
最高速度	45节
舰员编制	70人

■ 性能特点

自由级濒海战斗舰能搭载无人机、无人水面和水下载具，具有吃水浅、航速高的特点，可灵活调整战斗模块，实现"即插即用"。其舰艏装备1门"博福斯"MK-110型57毫米舰炮；直升机库上方设有1套RIM-116"拉姆"防空导弹发射器，还预留2个武器模组安装空间，可依照任务需求设置垂直发射器，装填短程防空导弹或MK-46型舰炮模组。

▲ 自由级濒海战斗舰

相关链接 >>

自由级濒海战斗舰是美国海军为取代佩里级护卫舰在20世纪90年代初期进行的SC-21水面战斗舰艇计划的一部分,是冷战结束后美国舰艇转型的一种体现。该级舰的主要任务是由海上向陆地投送武器与兵力,着眼于各种低强度作战需求,是美国军事力量网络化和全球化作战的重要组成部分,堪称颇具革命性的新一代海军舰艇。

独立级濒海战斗舰

■ 简要介绍

独立级濒海战斗舰是美国海军采用模块化设计、具备高度灵活性的一款水面舰艇。它采用三体船型设计，由铝合金制造，具有吃水浅、航速高的特点。另外，其外表涂有雷达吸收材料，整体隐身能力出众。和自由级一样，该级舰可以调整不同的战斗模块。

独立级濒海战斗舰的研发始于2003年，由美国通用动力公司主持设计。其设计灵感部分来源于英国的"海神"号三体试验船，旨在满足美国海军对低成本、多功能小型水面作战舰艇的需求。首舰"独立"号于2006年1月19日在美国奥斯塔造船厂开工建造，2008年4月26日下水，2010年1月16日正式服役。

至2018年，独立级濒海战斗舰共建造了13艘，其中7艘已服役。这些舰艇在服役期间展示了强大的作战能力和灵活性。然而值得注意的是，独立级濒海战斗舰也面临一些挑战和争议，如武器系统相对较弱等。

基本参数	
全长	127.6米
全宽	31.6米
吃水	4.27米
动力系统	2台LM2500燃气轮机 2台16PA6B STC柴油发动机 4台V1708柴油发电机
排水量	标准：2176吨 满载：2784吨
最高速度	50节
舰员编制	78人

■ 性能特点

独立级濒海战斗舰装备有1套MK-110型57毫米隐形舰炮系统，配用"多娜"舰炮火控系统，底部配置1部非观瞄导弹发射装置，可以发射精确攻击导弹。该级舰在直升机机库上方装有2门30毫米舰炮和1套RIM-116"拉姆"反舰导弹防御系统。其MK-48通用型垂直发射系统能发射北约改进型"海麻雀"防空导弹和"阿斯洛克"反潜导弹。

　　独立级濒海战斗舰作为一种快速、易操作和可联网的作战武器，能够和其他舰船、潜艇、飞机、卫星联合作战和濒海战斗舰集群联网来共享战术信息，即把海洋、陆地、天空、太空和计算机网络空间以前所未有的程度融合在一起，是美国军事力量网络化和全球化作战的重要组成。

▲ 独立级濒海战斗舰

惠德贝岛级船坞登陆舰

■ 简要介绍

惠德贝岛级船坞登陆舰是美国海军为适应新形势下两栖战需要而研发的一款功能多、性能先进的两栖作战舰艇，主要负责运送两栖登陆作战兵力，以及登陆艇、车辆等，并在登陆作战中为登陆艇提供维修服务。其坞舱设计独特，能够装载多艘气垫登陆艇和机械化登陆艇，具备较强的装载和投送能力。

惠德贝岛级船坞登陆舰的研发始于20世纪80年代，是美国海军在总结前代船坞登陆舰经验的基础上，结合新的作战需求和技术水平而研制的。该级舰采用了多项先进技术，如中速柴油机动力装置、先进的舰载武器系统等，使其在两栖作战中具备更高的灵活性和战斗力。

惠德贝岛级船坞登陆舰自1985年首舰服役以来，至今已有8艘在役，是美国海军两栖战舰艇的重要组成部分。该级舰多次参与国际军事行动和海外部署任务，展现了其强大的作战能力和可靠性。同时，美国海军还计划对部分舰进行现代化改装和升级，以提升其作战效能和延长服役时间。

基本参数	
全长	185.8米
全宽	25.6米
吃水	6.3米
动力系统	4台16PC2.5V400型柴油机
排水量	标准：11125吨 满载：15726吨
最高速度	22节
舰员编制	340人

■ 性能特点

惠德贝岛级船坞登陆舰的特点是坞舱巨大，可装运4艘LCAC气垫登陆艇和21艘LCM型螺旋桨推进的机械化登陆艇，飞行甲板可以同时起降2架CH-46中型直升机，车辆甲板可装载22辆M60主战坦克。其武器装备有1座"拉姆"舰空导弹发射装置、被动红外/反辐射寻的防空导弹，以及2座"密集阵"近程武器防御系统。

相关链接 >>

惠德贝岛级船坞登陆舰的主要任务是在登陆战中运送和投入各种登陆艇以及车辆，为登陆艇提供维修服务，其在历次战斗中均表现不俗。

▲ 惠德贝岛级船坞登陆舰

圣安东尼奥级船坞登陆舰

■ 简要介绍

圣安东尼奥级船坞登陆舰是美国海军在 21 世纪初设计并建造的一款新型多功能两栖船坞登陆舰，整合了坦克登陆舰、货物运输舰、船坞登陆舰和船坞运输舰的功能，以强大的装载能力、灵活的任务执行能力和良好的自卫能力而著称，是美国海军两栖作战体系中的重要组成部分。

圣安东尼奥级船坞登陆舰的研发旨在替换美国海军现役的老旧两栖船坞登陆舰。经过多年的设计和建造，首舰于 2003 年下水，2006 年正式服役。目前，美国海军已经建造了多艘圣安东尼奥级船坞登陆舰，并计划建造更多以满足未来的作战需求。

圣安东尼奥级船坞登陆舰自服役以来，已经在美国海军的多次军事行动中发挥了重要作用。该级舰不仅具备强大的装载和投送能力，还配备了先进的舰载武器系统和自卫系统，能够在复杂的海上环境中有效应对各种威胁。此外，它还具有较高的自动化水平和较低的维护成本等优点。

基本参数

基本参数	
全长	208.5米
全宽	31.9米
吃水	7米
动力系统	4台中速涡轮增压柴油机 5台SSDG柴油主发电机
满载排水量	25000吨
最高速度	大于22节
舰员编制	465人

■ 性能特点

圣安东尼奥级船坞登陆舰拥有由改进型"海麻雀"防空导弹与 MK-31 Block1 "拉姆"导弹构成的两层式近程防空导弹网。其飞行甲板与机库收容设施较之前的同类舰有所扩大，能操作海军陆战队各型航空器。该级舰的机库能容纳 1 架 CH-53 重型直升机或 1 架 MV-22 倾斜旋翼机；舰尾的大型飞行甲板能同时操作 2 架 CH-53 等重型旋翼机或 4 架 CH-46 等中轻型直升机，还可让 AV-8B 等战斗机降落。

▲ 圣安东尼奥级船坞登陆舰

相关链接 >>

　　21世纪初，美国造舰计划管理混乱、时程与成本失控以及监工不良等问题深深地困扰着圣安东尼奥级船坞登陆舰的建造工作，使其质量大为降低，并多次发生进度落后与预算超支的情况。首舰"圣安东尼奥"号原定建造预算约8亿美元，实际上却耗资18亿美元，严重超支。其建造进度也严重落后，原定在2002年7月7日服役，但直到2003年7月12日才下水。

哈珀斯·费里级船坞登陆舰

■ 简要介绍

哈珀斯·费里级船坞登陆舰是美国海军研发的一款两栖作战舰艇。作为惠德贝岛级船坞登陆舰的改进型，该级舰的货物运输能力显著提升。该级舰可搭载多种登陆艇、装甲车辆和直升机，主要任务是配合两栖攻击舰进行大规模快速登陆。

哈珀斯·费里级船坞登陆舰的研发始于20世纪80年代末，旨在进一步提升美国海军的两栖作战能力。首舰"哈珀斯·费里"号的建造于1988年获得批准，随后于1991年在阿冯达尔工业公司开工建造。经过数年的精心打造，该舰于1995年正式服役。

自服役以来，哈珀斯·费里级船坞登陆舰凭借其卓越的性能和强大的装载能力，在美国海军的多次海外部署和军事行动中发挥了重要作用。该级舰共建造了4艘，包括"哈珀斯·费里"号、"卡特·霍尔"号、"橡树山"号和"珍珠港"号，均保持在役状态，为美国海军的两栖作战提供了坚实的后盾。

基本参数	
全长	185.8米
全宽	25.6米
吃水	6.3米
动力系统	4台16PC2.5V400型柴油机
满载排水量	16740吨
最高速度	22节
舰员编制	340人

■ 性能特点

哈珀斯·费里级船坞登陆舰装有2门MK-38型25毫米舰炮；2部"火神·密集阵"近程防御武器系统位于主上层建筑顶部；"拉姆"防空导弹箱式发射装置位于舰桥顶部和上层建筑后缘。与惠德贝岛级舰相比，其坞舱减小，装载量减少一半，但货舱从原来141.5立方米扩大到1914立方米，车辆甲板面积也有所增加。

▲ 哈珀斯·费里级船坞登陆舰

相关链接 >>

哈珀斯·费里级船坞登陆舰可运送500名登陆人员、3艘气垫登陆艇（或6艘机械化登陆艇，或1艘通用登陆艇，或64辆两栖装甲输送车）和2艘人员登陆艇。舰上还拥有1914立方米的干货舱、1877立方米的车辆舱以及供2架CH-53直升机起降的平台。另外，还有1台60吨的起重机和1台20吨的起重机。

刘易斯与克拉克级干货补给舰

■ 简要介绍

刘易斯与克拉克级干货补给舰是美国海军为提升海上后勤保障能力而设计、建造的一款大型干货补给舰，主要用于为舰队提供弹药和必需品等补给。该级舰以其庞大的装载能力和高效的补给系统，成为美国海军远洋作战行动中的关键支持舰艇。

20世纪90年代，随着美国海军各型补给舰艇的相继老化和退役，后勤保障能力面临挑战。为满足海上补给需求，美国海军决定建造刘易斯与克拉克级干货补给舰。该级舰的舰名源于19世纪横穿北美大陆的远征探险者梅里韦瑟·刘易斯上尉和威廉·克拉克少尉，以纪念他们的探险精神。

刘易斯与克拉克级干货补给舰共建造了14艘，至今全部在役。首舰"刘易斯与克拉克"号于2004年4月开工建造，2006年6月服役，舰号T-AKE1。最新一艘"凯萨·查维斯"号于2013年交付美国海军，舰号T-AKE14。这些舰艇在服役期间，多次参与美国海军的全球部署和军事行动，为舰队提供了及时有效的补给支持。

基本参数	
全长	210米
全宽	32.2米
吃水	9.5米
动力系统	4台16PC2.5V400型柴油机
满载排水量	41592吨
最高速度	20节
装载量	6675吨干货弹药 3442吨燃油 1716吨冷冻物资 200吨便携淡水

■ 性能特点

刘易斯与克拉克级干货补给舰集运送燃油、弹药、备品补给等功能于一身，采用商船标准建造，舰上左舷设有1个燃油补给站、3个干货弹药补给站，右舷设有1个燃油补给站、2个燃油接收站、2个干货弹药补给站、1个干货弹药接收站。船上共有6部升降机，每个货舱2部。

相关链接 >>

刘易斯与克拉克级干货补给舰装有货物管理系统，舰员利用条形码扫描机和软件，可以追踪任何一件物品，航母编队指挥官可以精确定位舰上任何一件货物，大幅缩短了查找货物的时间。同时，它是美国海军第一款不会对臭氧层产生有害气体的军舰。

▲ 刘易斯与克拉克级干货补给舰

供应级快速战斗支援舰

■ 简要介绍

供应级快速战斗支援舰是美国海军在萨克拉门托级补给舰的基础上改进的最新一级快速战斗支援舰，具备高速航行能力、强大运载能力和高效补给系统。该级舰能够携带大量燃油、弹药、淡水等物资，可快速补给作战舰队，确保舰队的持续作战能力。

供应级快速战斗支援舰的研发始于20世纪80年代初，经过数年的可行性研究和设计，首舰于1989年开工建造，1994年正式服役。该级舰共建造了4艘（AOE-6"供应"号、AOE-7"莱纳"号、AOE-8"北极"号、AOE-10"桥梁"号）。

供应级快速战斗支援舰自服役以来，凭借着卓越的性能和强大的补给能力，发挥了重要作用。该级舰具备与作战舰艇基本相当的高速航行能力，不会对航空母舰战斗群的战术机动造成影响。同时，其先进的补给装置和全面的货物转运系统，使得补给效率大幅提高，为舰队提供了坚实的后勤保障。

基本参数	
全长	229.8米
全宽	32.6米
吃水	11.9米
动力系统	4台LM2500燃气轮机
满载排水量	48800吨
最高速度	25节
装载量	超过177000桶燃料 2150吨弹药 500吨干货 250吨冷藏补给

■ 性能特点

供应级快速战斗支援舰配有先进的补给装置，设有1个全面的货物转运系统和1个专门的货物控制中心。有5个燃料站、6个海上补给站、4个10吨货斗，以及2个直升机的垂直补给位置，机库可容纳3架UH-46E海上直升机。此外，它还有相对强大的防御火力。

相关链接 >>

由于运营成本高昂，AOE-6"供应"号在2001年7月退役，转交给军事海运司令部，后作为美国海军辅助舰艇继续服役。2002年6月，AOE-8"北极"号同样转交给了军事海运司令部。2003年8月和2004年6月AOE-7"莱纳"号和AOE-10"桥梁"号也分别加入军事海运司令部，该级舰在海军辅助舰队中表现活跃，被命名为T-AOE。

▲ 正在进行补给作业的供应级快速战斗支援舰（中间）

先锋级远征快速运输船

■ 简要介绍

先锋级远征快速运输船是美国海军隶下的一款高效、快速的海上运输船只，主要用于短距离内的中小规模海上运输任务。其特点在于模块化建造技术和双体型船身设计，具有优秀的稳定性和高速度，能够在平静的海域中高效航行。

先锋级远征快速运输船的研发始于21世纪初，旨在提升美国海军在战区内的快速运输能力。该级船由美国通用动力公司设计、奥斯塔尔造船厂美国分公司负责建造。首舰"先锋"号于2010年开工建造，并于2012年正式服役。截至目前，已有多艘先锋级远征快速运输船建成并交付使用。

先锋级远征快速运输船的高速航行能力和模块化设计使其能够迅速响应作战需求，灵活调整装载内容，可有效支持联合部队的任务。此外，先锋级远征快速运输船还具备一定的自卫能力，能够搭载一定数量的武器系统以应对海上威胁。

基本参数	
全长	103米
全宽	28.5米
吃水	3.83米
动力系统	4MTU20V8000M71L柴油发动机 4台水喷射推进器
排水量	标准：1500吨 满载：约2400吨
最高速度	45节
乘员	远程运输人数（为期14天）至少102人；短程运输为312人

■ 性能特点

由于先锋级远征快速运输船上装备有完善的滚装登陆设备，美军的主战坦克可从船上直接登陆作战。另外，船上设置有飞行甲板和辅助降落设备，可以携带一架中型直升机全天候起降。不仅如此，该级船上还拥有先进的通信、作战系统，可满足不同的任务需要，能够支持美军执行包括人道主义援助、救灾、特种作战部队行动在内的多种任务。

相关链接 >>

　　先锋级远征快速运输船的防御武
器是 4 挺 12.7 毫米口径机枪，其作战
设想是在紧张程度不高的环境中独立作战，
提供 360° 的防御性火力覆盖，或者是在
海军"海上盾牌"的保护之下进行防
御，还装有直升机作战监控系统。

▲ 先锋级远征快速运输船

无瑕级海洋监视船

■ 简要介绍

　　无瑕级海洋监视船是美国海军的一种特殊任务船只，主要用于水下声学环境监测、水文数据测量以及侦听水下潜艇音响等任务。该级船以强大的水下声探测能力著称，是美国海洋情报侦察体系的重要组成部分。

　　无瑕级海洋监视船的研发始于20世纪90年代末，作为新一代海洋监视船，其设计旨在提升美国海军的海洋监视与反潜能力。该级船采用了双体型船身设计，能提供良好的平台稳定性和航态可控性，便于全天候、全海候出勤。同时，无瑕级海洋监视船还配备了先进的SURTASS-LFA声呐系统，为美国海军反潜作战提供了重要的情报支援。

　　无瑕级海洋监视船目前仅有1艘"无瑕"号于2001年正式服役。该船在服役期间多次参与美国海军的全球海洋监视任务，以其出色的性能和重要的战略地位，在美国海军的海洋监视体系中占据着举足轻重的地位。

基本参数	
全长	86米
全宽	29米
吃水	8米
动力系统	柴电动力
满载排水量	5368吨
最高速度	12节
乘员	25名船员；25名工作人员

■ 性能特点

　　无瑕级海洋监视船配备了先进的声呐系统SURTASS-LFA。SURTASS全称为"拖曳式阵列传感器系统"，其设计目的是对水下进行被动监视和探测潜艇，作用距离可达数百千米；LFA全称为"主动式大功率低频阵列系统"，能检测到沿海水域中缓慢的安静威胁。SURTASS-LFA系统收集声呐数据后，将信息由卫星传输至岸上基站进行分析或引导反潜攻击。

▲ 无瑕级海洋监视船

相关链接 >>

无瑕级海洋监视船的声呐系统 SURTASS-LFA 的探测装置分为两部分。一部分为"拖曳式阵列传感器系统",由被动声呐组成,被水平拖曳在船后,拖缆长达 1800 米,可以探知水下 150 米至 450 米深度潜艇的方位和类型。另一部分为"主动式大功率低频阵列系统",是垂直悬挂在舰船下方的主动声呐阵列,用以应对被动声呐无法探知的"极静"潜艇。

蓝岭级两栖指挥舰

■ 简要介绍

　　蓝岭级两栖指挥舰是美国海军隶下的一款两栖登陆指挥旗舰，专为舰队行动和两栖登陆作战协调指挥设计，是美国海军海上综合作战指挥能力最强的战舰之一。该级舰作为美国海军两栖远征舰队的旗舰，在两栖作战中能提供战场通信中继、资料处理、情报分析、电子对抗与指挥决策等全方位支援。

　　蓝岭级两栖指挥舰的研发始于20世纪60年代，当时美军认识到其现有指挥舰的性能已无法满足现代两栖作战的需求，决定以硫磺岛级两栖攻击舰的舰体为基础进行修改设计。首舰"蓝岭"号于1967年在费城海军造船厂开工建造，次舰"惠特尼山"号也随后在新港海军造船厂开工。两舰均于20世纪70年代初服役。

　　蓝岭级两栖指挥舰自服役以来，长期担任美国海军第七舰队和第二舰队的旗舰，活跃在多次重大军事行动和军事演习中，为两栖作战和舰队行动提供了强有力的支持。同时，随着技术的不断发展和作战需求的变化，该级舰也经历了多次现代化改装和升级。

基本参数（"蓝岭"号）	
全长	194米
全宽	25米
吃水	8.8米
动力系统	2台锅炉 1台蒸汽轮机
满载排水量	18372吨
最高速度	23节
舰员编制	821人

■ 性能特点

　　蓝岭级两栖指挥舰最初只有2门双联装MK-33舰炮，1974年加装2枚MK-25 BPDMS防空导弹，后又换装2具"密集阵"近程防御武器系统。21世纪初因沿海环境变化，所以在舰上增设4门MK-38型25毫米机关炮与12.7毫米重机枪。舰艇中段设有小艇的吊挂和收放平台，能携带4艘机械化人员登陆艇。舰艉的直升机停机坪可停放除CH-53外的任何美国海军直升机。

相关链接 >>

蓝岭级两栖指挥舰的出现，使美国海军第一次拥有了功能齐全、性能先进的大型海上指挥控制中心，从而在技术上彻底解决了大规模海上联合作战的指挥问题。原本美国海军计划建造第三艘蓝岭级两栖指挥舰，可担任舰队指挥与两栖作战指挥，但由于其航速跟不上现代化作战舰队而取消。

▲ 蓝岭级两栖指挥舰

远征移动基地舰

■ 简要介绍

远征移动基地舰是美国海军设计并建造的一种多功能海上支援舰艇，其功能类似海上码头的大型支援舰艇，能够在远离陆上基地的海域提供装备投送、物资补给、伤员救治等多种支援服务。它结合了海上基地的灵活性和舰艇的机动性，能够快速部署，为美军的各种军事行动提供了有力支持。

远征移动基地舰的研发始于美国海军对海上支援能力的迫切需求。随着全球军事态势的变化和美军海外作战任务的需要，传统的陆上基地和海上补给方式已难以满足需求。因此，美国海军开始探索新的海上支援舰艇，并最终决定研发远征移动基地舰。在这种舰的研发过程中，美国海军充分借鉴了民用船舶的设计理念和建造技术，降低了建造成本并提高了建造效率。

截至目前，美国海军已经有多艘远征移动基地舰正在服役，其中包括"路易斯·普勒"号、"赫谢尔·威廉姆斯"号和"米格尔·基思"号等。

基本参数	
全长	239米
全宽	50米
吃水	10.5米
动力系统	1台蒸汽轮机
满载排水量	91440吨
最高速度	15节

■ 性能特点

远征移动基地舰不承担作战任务，没有设计飞机跑道，主要是作为美国海军陆战队执行登陆任务的前进中心。它会在其他舰船的掩护下前往目标附近海域，保证海军陆战队作战的灵活性。其上层甲板面积很大，主要用于起降美国海军重型直升机，下层甲板可以部署气垫登陆艇。

相关链接 >>

远征移动基地舰大量采用模块化技术，实现多用途平台功能。例如，安装野战医院模块，就可以变身为海上医疗船；安装大型吊车和维修船坞模块，就可以作为海上临时的维修基地。同时该舰还可装载大量的武器、弹药、后勤补给等物资，也就是说一艘远征移动基地舰就等于一个移动的后勤军火库。

▲ 远征移动基地舰

仁慈级医院船

■ 简要介绍

仁慈级医院船是美国海军隶下的一款由超级油轮改装而成的大型医疗船只，以强大的医疗救治能力和灵活的机动能力而著称。该级船能够在海上为伤病员提供紧急救治和康复服务，是美国海军海上医疗卫生体系的重要组成部分。

仁慈级医院船的研发始于20世纪80年代，美国海军为了提升海上医疗支援能力，决定采购并改装超级油轮作为医院船。经过精心设计和改造，仁慈级医院船具备强大的医疗救治能力和完善的医疗设施，能够满足各种复杂医疗任务的需求。

仁慈级医院船自1984年服役以来，多次参与美军的海上医疗支援行动。其中，"仁慈"号医院船作为该级船的代表，以其出色的医疗救治能力赢得了高度评价。

基本参数	
全长	272.6米
全宽	32.2米
吃水	10米
动力系统	2台柴油机
排水量	标准：69360吨 满载：70473吨
最高速度	17节
乘员	1300人

■ 性能特点

仁慈级医院船上的医疗设施先进且齐全，设有接收分类区、手术区、观察室、病房、放射科、化验室、药房、医务保障等区域，并有血库、牙医室、理疗中心等，共有病床1000张。平时，船上只留少数人员值勤，一旦接到命令，5天内就可完成医疗设备的配置和检修，并装载所需物资和15天的给养，同时配齐各级医护人员。

相关链接 >>

目前，世界上仅有少数国家拥有具备远海医疗救护能力的医院船，这些医院船不配备进攻性武器，只有少量的轻武器用于内部警戒和击退强行登船之敌。根据相关国际法规定，医院船不可侵犯，医院船有义务救助交战双方的伤员，交战各方均不得对其实施攻击或俘获，而应随时予以尊重和保护。

▲ 仁慈级医院船

AV-8B "鹞Ⅱ" 短距 / 垂直起降战斗机

■ 简要介绍

AV-8B "鹞Ⅱ" 短距 / 垂直起降战斗机是一款具备独特起降能力的军用飞机，由英国航太公司与美国麦克唐纳·道格拉斯公司（现并入波音公司）联合研制。该机型能够在没有跑道的情况下实现起飞和降落，大大提高了作战的灵活性和生存能力。

AV-8B 的研发源于美国海军陆战队对前线航空火力支援的迫切需求。在引进英国 "鹞" 式战斗机 AV-8A 后，美军发现其性能仍有提升空间，于是与英国合作研发了 AV-8B。该机型在机体结构、航电系统、发动机等方面进行了大幅改进，增强了作战性能。

AV-8B 于 1983 年开始服役，迅速成为美国海军陆战队和英国皇家空军的主力攻击机之一。该机型在多次军事行动中展示出强大的作战能力，包括低空轰炸、空中支援等任务。AV-8B 还经过了多次升级和改进，如装备更先进的雷达和武器系统。目前，AV-8B 仍在全球多个国家的军队中服役，发挥着重要作用。

基本参数

基本参数	
长度	14.55米
翼展	9.25米
高度	3.55米
空重	6.745吨
最大起飞重量	滑跃起飞：14吨 垂直起飞：9.415吨
发动机	1台飞马105 推力向量涡扇发动机
最大飞行速度	1090千米 / 时
实用升限	16千米
航程	2200千米

■ 性能特点

AV-8B "鹞Ⅱ" 式战斗机机头的径向尺寸较短，具有中低空性能好、机动灵活、分散配置、可随同战线迅速转移等特点。机身下有 2 个机关炮和弹药舱，各装 1 门 5 管 25 毫米机关炮，备弹 300 发。典型的武器外挂包括 2 枚或 4 枚 AIM-9L "响尾蛇"、"魔术" 或 AGM-65 "幼畜" 导弹，以及普通炸弹、集束炸弹、"宝石路" 激光导引炸弹、燃烧弹等。

相关链接 >>

　　短距／垂直起降飞机是指可在短距离内或垂直起飞和着陆固定翼飞机。它的研制主要出于军事需要。飞机速度和性能提高带来的缺点就是起飞和着陆距离时间也随之加长，这对军用飞机来说很不利。因此要考虑将普通作战飞机和直升机的优点结合起来，这便产生了短距／垂直起降飞机。

▲ AV-8B "鹞Ⅱ" 短距／垂直起降战斗机

F/A-18 "大黄蜂"战斗机

■ 简要介绍

　　F/A-18 "大黄蜂"战斗机是美国海军装备的一款超声速喷气式多用途舰载战斗机,也是美国军方第一种兼具战斗机与攻击机身份的机种,具备优秀的对空、对地和对海攻击能力。它采用单座/串列双座后掠翼气动布局,是美国海军重要的舰载机之一。

　　F/A-18 "大黄蜂"战斗机的研发始于20世纪70年代初,当时美国海军需要一种低成本、多用途的舰载战斗机来替代老旧的F-4 "鬼怪"和A-7 "海盗"等型号。经过选型,美国海军选择了诺斯罗普公司(1994年更名为诺斯罗普·格鲁曼公司)设计的YF-17作为基础,但由于诺斯罗普公司缺乏舰载机研制经验,最终与麦克唐纳·道格拉斯公司合作,共同研制了F/A-18 "大黄蜂"战斗机。经过一系列的设计改进和测试,F/A-18于1978年进行了首飞。

　　F/A-18 "大黄蜂"战斗机于1983年进入美国海军服役,并迅速成为美国航空母舰上的主力舰载战斗机。

基本参数(F/A-18C)	
长度	17.07米
翼展	11.43米
高度	4.66米
空重	10.455吨
最大起飞重量	22.328吨
发动机	2台F404加力涡扇发动机
最大飞行速度	2205千米/时
实用升限	15千米
航程	2346千米

■ 性能特点

　　F/A-18 "大黄蜂"战斗机尾翼采用悬臂式结构设计,平后和垂尾均有后掠角,平尾低于机翼,使飞机大迎角飞行时具有良好的纵向稳定性。该款战斗机的主要武器为1门20毫米机关炮,共有9个外挂架,可挂载"响尾蛇"和"麻雀"空空导弹或先进中距空空导弹及"幼畜"空地导弹。

相关链接 >>

F/A-18"大黄蜂"战斗机共有9个型号，有单座的，也有双座的。出口加拿大的编号为CF-18A，出口澳大利亚的编号为F/A-18A/B，出口西班牙的编号为EF-18，还有一种供出口用的多用途岸基型为F/A-18L型。F/A-18A为基本型，是一种单座战斗机，主要用于护航和舰队防空。如果换装部分武器后即成为攻击机，可执行对地攻击任务。

▲ F/A-18"大黄蜂"战斗机

F/A-18E/F "超级大黄蜂" 战斗机

■ 简要介绍

F/A-18E/F "超级大黄蜂" 战斗机是美国海军及海军陆战队使用的一款重型多用途舰载战斗机,由 F/A-18C/D 型发展而来,E 型为单座型,F 型为双座型。该机型采用先进的气动设计和电子系统,具备卓越的机动性、高速性能和多任务作战能力。

F/A-18E/F 的研发始于 20 世纪 90 年代初期,旨在取代当时已濒临退役的 F-14 "雄猫" 战斗机。在研发过程中,设计者对飞机的结构、推进系统、航电系统以及武器系统等进行了全面升级,增强了飞机的性能和生存能力。经过长达 20 年的研发和改进,F/A-18E/F 于 1995 年首次亮相,并在 2001 年正式服役。

F/A-18E/F "超级大黄蜂" 战斗机自服役以来,凭借其优秀的性能和多任务作战能力,迅速成为美国海军重要的舰载战斗机之一。它不仅承担了对空作战任务,还具备强大的对海和对地攻击能力,在多次海外军事行动中发挥了关键作用。目前,美国海军装备有 540 ~ 570 架现役 F/A-18E/F 战斗机,并计划对其进行进一步升级以应对未来挑战。

基本参数

基本参数	
长度	18.31米
翼展	13.62米
高度	4.88米
空重	13.9吨
最大起飞重量	29.938吨
发动机	2台F414-GE-400涡扇发动机
最大飞行速度	2205千米/时
实用升限	15千米
航程	2346千米

■ 性能特点

F/A-18E/F "超级大黄蜂" 战斗机具有良好的短距起降性能、突出的低空突防能力,特别是超常规的机动能力。其机鼻内有 1 门 M61 "火神" 式机关炮,翼下挂架可携带不同的空空飞弹和空地武器,其航电系统设计处于领先地位。它还装有先进的战术前视红外吊舱,使其红外探测距离和分辨率都有较大提高。此外,它还可加挂外部空中加油系统成为空中加油机。

相关链接 >>

2011 年，波音公司以 F/A-18E/F "超级大黄蜂"战斗机为基础，升级推出其国际型战机"沉默大黄蜂"。"沉默大黄蜂"注重隐身性能，使用隐身涂层，将外挂武器收纳到机身下方的胶囊式封闭吊舱中，预计其隐身能力会比"超级大黄蜂"提升 50%。该机目前还处于研发当中，并未正式列装。

▲ F/A-18E/F "超级大黄蜂"战斗机

EA-18G "咆哮者"电子干扰机

■ 简要介绍

　　EA-18G "咆哮者"电子干扰机是一款基于 F/A-18E/F "超级大黄蜂"战斗机而研制的电子战飞机。它不仅保留了"超级大黄蜂"的全部武器系统，还装备了先进的电子战系统，能够执行复杂的电子干扰和情报侦察任务，是美国海军的一款重要电子战装备。

　　EA-18G "咆哮者"电子干扰机的研发始于 21 世纪初，旨在替代美国海军老旧的 EA-6B "徘徊者"电子战飞机。波音公司作为主承包商，负责飞机的整体设计和制造，而诺斯罗普·格鲁曼公司则提供了关键的电子战系统。经过数年的研发和测试，EA-18G "咆哮者"电子干扰机于 2006 年成功进行了首飞，并于 2009 年正式服役于美国海军。

　　EA-18G "咆哮者"电子干扰机自服役以来，迅速成为美国海军电子战的中坚力量。它不仅能够执行雷达干扰、通信干扰等电子战任务，还能够提供电子情报侦察和战术支援，为舰队提供全方位的电子战保障。在多次海外军事行动中，EA-18G 都发挥了重要作用，展现了强大的电子战能力和作战效能。

基本参数	
长度	18.31米
翼展	13.62米
高度	4.88米
空重	15.011吨
最大起飞重量	29.964吨
发动机	2台F414-GE-400涡扇发动机
最大飞行速度	2205千米/时
实用升限	15千米
航程	2346千米

■ 性能特点

　　EA-18G "咆哮者"电子干扰机拥有十分强大的电磁攻击能力。其凭借 ALQ-218V(2) 战术接收机和新型 ALQ-99 战术电子干扰吊舱，可以高效地执行对地、空导弹雷达系统的压制任务。与以往拦阻式干扰不同，EA-18G "咆哮者"电子干扰机可以通过分析干扰对象的跳频图谱自动追踪其发射频率，并采用"长基线干涉测量法"对辐射源进行更精确的定位以实现"跟踪－瞄准式干扰"。

相关链接 >>

EA-18G"咆哮者"电子干扰机先进的设计大大集中了干扰能力，使其首度实现了电磁频谱领域的"精确打击"，可以有效干扰160千米外的雷达和其他电子设施，超过了美国现役防空火力的打击范围。因此有人说，EA-18G"咆哮者"电子干扰机既是美国当今战斗力最强的电子干扰机，又是电子干扰能力最强的战斗机。

▲ EA-18G"咆哮者"电子干扰机

F-35C "闪电Ⅱ"战斗机

■ 简要介绍

F-35C "闪电Ⅱ" 战斗机是美国洛克希德·马丁公司设计及生产的一款单座、单发动机、多用途舰载战斗机，属于第五代战斗机。该机型是专为美国海军的大型核动力航空母舰设计的，具备高隐身性能、先进的电子系统以及超声速巡航能力，主要用于执行近距离支援、目标轰炸、防空截击等多种任务。

F-35C "闪电Ⅱ" 战斗机的研发是美国协同 8 个伙伴国联合开发的 F-35 联合打击战斗机项目的一部分。该项目结合了多种战机的优点，如 F-117 的隐身性能、F-16 的超声速性能、F-18 的舰载操作经验等，旨在打造一款多用途、高性能的第五代战斗机。经过多年的研发与测试，F-35C 成功问世。

F-35C "闪电Ⅱ" 战斗机于 2015 年服役于美国海军，迅速成为航空母舰编队中的核心力量。出色的隐身性能、先进的航电系统和强大的武器挂载能力，使得 F-35C "闪电Ⅱ" 战斗机在海上作战中具备极高的生存能力和作战效能。同时，F-35C "闪电Ⅱ" 战斗机还具备短距离起飞和垂直降落的能力，进一步提升了其作战的灵活性。

基本参数	
长度	15.7米
翼展	13.1米
高度	4.48米
空重	15.686吨
最大起飞重量	25.9吨
发动机	1台F135-PW-400涡扇发动机
最大飞行速度	1960千米/时
实用升限	18.3千米
航程	2500千米

■ 性能特点

F-35C "闪电Ⅱ" 战斗机的翼面积和尾翼面积比 A/B 型大，具备较高的隐身性能。其主要武器有 AIM-120 中程空空导弹、AIM-9X "超级响尾蛇" 空空导弹、AIM-132 近距离空空导弹、欧洲 "流星" 导弹、联合空地远距攻击导弹等。它还具备极强的起降装置，便于在航空母舰上起降，且零件具备极强的抗海水腐蚀性。

相关链接 >>

F-35C"闪电Ⅱ"战斗机于2010年6月6日在沃斯堡进行了第一次飞行。这架编号为CF-01的F-35C战斗机在2009年7月28日出厂，然而由于一些组件运交延迟，加上设计方面的修改，导致第一次试飞的时间从2009年底延后到2010年6月。

▲ F-35C"闪电Ⅱ"战斗机

EP-3E "白羊座Ⅱ"电子侦察机

■ 简要介绍

EP-3E"白羊座Ⅱ"电子侦察机是美国海军装备的一款重要战略侦察机，主要用于取代早期的 EC-121"星座"电子情报侦察机。该机型由美国洛克希德·马丁公司在 P-3"奥立安"反潜巡逻机的基础上改造而来，以强大的电子情报收集能力著称。

EP-3E"白羊座Ⅱ"电子侦察机的研发始于 20 世纪 80 年代中期，作为 P-3 系列反潜巡逻机的升级改进型，该机型的研发充分利用了 P-3C 型反潜巡逻机的成熟平台，并在此基础上进行了大量电子侦察设备的加装和升级。这些设备包括联合技术实验室的 ALQ-110 信号收集系统、ALD-8 无线电方向探测器、ALR-52 自动频率测量接收机、ALR-60 多路无线电通信录音装置等。

EP-3E"白羊座Ⅱ"电子侦察机自研发成功并装备美国海军以来，迅速成为执行电子侦察任务的重要力量。该机型共有 12 架，主要任务是独自或与其他飞机一起在国际空域执行飞行任务，为飞行方队的司令官提供有关军事力量战术态势的实时信息。

基本参数

基本参数	
长度	32 米
翼展	30.38 米
空重	27.89 吨
最大起飞重量	61.4 吨
发动机	4 台 T56-A-14 涡轮螺旋桨发动机
最大飞行速度	761 千米/时
实用升限	8.23 千米
航程	5556 千米

■ 性能特点

EP-3E"白羊座Ⅱ"电子侦察机是涡轮螺旋桨飞机，体积较大，隐蔽性也较差。它配备有 4 个 T56-A-14 引擎，装有"LINK11"数据链系统以及 AN/AYK-14 中央计算机，配备了尖端的电子信息拦截系统，可以探测并追踪雷达、无线电以及其他电子通信信号。利用传感器、接收器和碟形卫星电线，EP-3E"白羊座Ⅱ"电子侦察机可对大片范围进行监听，能从 740 千米外截获雷达和其他通信信号。

相关链接 >>

EP-3E"白羊座Ⅱ"电子侦察机的主要任务是独自或与其他飞机方队一起在空域中执行飞行任务,提供有关军事力量战事态势的实时信息。电子侦察机机组人员可以通过对获得的情报数据进行分析,确定侦察区域的战术环境,并将信息尽快传送给决策者。

▲ EP-3E"白羊座Ⅱ"电子侦察机

E-2D "高级鹰眼"预警机

■ 简要介绍

　　E-2D "高级鹰眼"预警机是美国海军装备的一款先进舰载预警机。其基于 E-2C "鹰眼 2000"预警机进行了重大改进，主要用于为航空母舰编队提供空中预警和指挥引导，同时也可执行陆基飞行任务，如滨海和陆地上空的监视、导弹防御等。

　　E-2D "高级鹰眼"预警机的研发由美国诺斯罗普·格鲁曼公司负责，在保留 E-2C 基本气动布局的基础上，对任务系统进行了全面升级，包括换装新型有源相控阵雷达系统、高度自动化和数字化的计算机系统等。

　　E-2D "高级鹰眼"预警机于 2015 年正式服役于美国海军，并迅速成为航空母舰编队中不可或缺的一部分。其强大的监视和监控能力，使得美国海军在复杂战场环境下能够更准确地掌握战场态势，为作战指挥员提供有力的情报支持。此外，E-2D "高级鹰眼"预警机还具备执行多种任务的能力，如海上监视、导航引导、救援和执法等。

基本参数

基本参数	
长度	17.6米
翼展	24.56米
高度	5.6米
空重	18.23吨
最大起飞重量	26.08吨
发动机	2台T56-A-427A 涡轮螺旋桨发动机
最大飞行速度	650千米/时
实用升限	10.6千米
航程	2708千米

■ 性能特点

　　与 E-2 的经典版本 E-2C 相比，E-2D "高级鹰眼"预警机装备了更先进的发动机，添加了数字显示驾驶舱和空中加油的配置，并且换装了全套的航电设备，包括加装了 AN/APY-9 "电子＋机械"扫描预警雷达，更新了无线电／卫星通信套件、飞行管理系统等。此外，E-2D 升级后的最大亮点就是 AN/APY-9 超高频相控阵雷达，该雷达可以侦测到目前大多已知在役的隐身战斗机。

相关链接 >>

E-2D "高级鹰眼"预警机由于采用了更加先进的驾驶舱显示系统,在执行任务的过程中,其副驾驶员可以根据任务需要随时介入电子侦察、预警等任务当中,从而提高五人团队协作的效率。而其装备的 AN/APY-9 雷达是技术先进、性能强大的机载预警雷达,可实现全方位、全时段的 360° 无死角覆盖,探测最大距离为 500 千米。

▲ E-2D "高级鹰眼"预警机

P-3 "猎户座"海上巡逻机

■ 简要介绍

P-3 "猎户座"海上巡逻机是美国洛克希德公司（1995 年更名为洛克希德·马丁公司）研制的四发涡轮螺旋桨多用途海上巡逻机，它具备较高的飞行速度和较远的航程，拥有强大的反潜、巡逻和侦察能力。

P-3 "猎户座"海上巡逻机的研发始于1957 年，旨在替代当时日渐老旧的 P-2 "海王星"反潜机。洛克希德公司在 L-188 "伊莱克特拉"支线客机的基础上进行了大幅改装，最终于 1959 年 11 月 25 日成功试飞首架原型机。经过多次性能提升和改进，P-3 "猎户座"海上巡逻机逐渐形成了包括 P-3A、P-3B和 P-3C 在内的多个型号，其中 P-3C 是目前仍在服役的主要型号。

P-3 "猎户座"海上巡逻机于 1962 年正式服役美国海军，并在随后的几十年中成为美国海军唯一的陆基海上巡逻反潜战斗机。该机型不仅在美国海军中发挥了重要作用，还出口到了包括日本、荷兰、澳大利亚等在内的多个国家。

基本参数	
长度	35.6米
翼展	30.4米
机高	10.3米
空重	35吨
最大起飞重量	64.4吨
发动机	4台T56-A-14涡桨发动机
最大飞行速度	750千米/时
实用升限	10.4千米
航程	9000千米

■ 性能特点

P-3 "猎户座"海上巡逻机保留了"伊莱克特拉"民航客机的机翼、动力系统、大部分机身设计，不过机身比"伊莱克特拉"的机身短，有 1 个内置武器舱，放置用于反潜作战的航空电子设备。如 P-3C 的探测装备，包括AN/ARR-78(V) 声呐浮标接收系统、AQA-7 定向声学频率分析仪和声学记录指示仪等；反潜武器系统包括"鱼叉"反舰导弹、"幼畜"空地导弹等。

▲ P-3 "猎户座" 海上巡逻机

P-8 "波塞冬"海上巡逻机

■ 简要介绍

P-8 "波塞冬"海上巡逻机是美国波音公司基于波音 737-800 客机而开发的一款高性能反潜巡逻机,主要用于海上巡逻、侦察和反潜作战,是现代美国海军海上作战的重要力量。

P-8 "波塞冬"海上巡逻机的研发始于 20 世纪 90 年代末,旨在取代逐渐老旧的 P-3C "猎户座"巡逻机。波音公司凭借其丰富的飞机设计经验和技术实力,成功将波音 737 客机平台转化为先进的海上巡逻机。P-8 "波塞冬"海上巡逻机在研发过程中经历了多次测试和改进,最终于 2009 年首飞成功,并于 2013 年正式服役美国海军。

P-8 "波塞冬"海上巡逻机自服役以来,在海上巡逻、侦察和反潜作战中发挥了重要作用,凭借其出色的性能和稳定的表现,赢得了美国海军的高度评价。该机型不仅在美国海军中广泛使用,还出口到了包括印度、澳大利亚等在内的多个国家。

基本参数	
长度	39.47米
翼展	37.64米
机高	12.83米
空重	62.73吨
最大起飞重量	85.82吨
发动机	2台CFM56-7B涡扇发动机
最大飞行速度	907千米/时
实用升限	12.49千米
航程	8300千米

■ 性能特点

P-8 "波塞冬"海上巡逻机改进自成熟的新一代波音 737 飞机,配备 2 台发动机,装备有声呐浮标、磁导探测仪、搜索雷达,可以在 2200 千米范围内进行 4 小时的反潜巡逻任务。该机型采用机腹弹舱,弹舱内部可以携带 5 枚反潜鱼雷,主要型号是 MK-54 反潜鱼雷。机翼下还有 6 个武器重载挂点,可以挂载反潜鱼雷、"鱼叉"反舰导弹、深水炸弹和水雷等武器。

相关链接 >>

P-8"波塞冬"海上巡逻机的 MK-54
反潜鱼雷代表了轻型空投反潜鱼雷的
最高技术水平。冷战结束预示了反潜作战环
境的根本变化，因而要求鱼雷技术做出相
应的改变，增加对付先进的安静型潜艇
的能力，把以往强调以深水作战能力
为主的策略转变为以浅水作战能力
为主。

▲ P-8"波塞冬"海上巡逻机

T-45 "苍鹰" 教练机

简要介绍

　　T-45"苍鹰"教练机是美国海军装备的一款单发、串列双座高级教练机，由美国麦克唐纳·道格拉斯公司和英国宇航公司联合研发，专为美国海军舰载机飞行员培训而设计。

　　T-45"苍鹰"教练机的研发始于1981年，旨在取代美国海军过时的T-2C"橡树"和TA-4J"空中之鹰"教练机。该项目的总承包商为美国克唐纳·道格拉斯公司，而英国宇航公司则是主要的分承包商，负责提供机身、机翼、尾翼等关键部件。在研发过程中，为了满足美国海军的上舰需求，T-45"苍鹰"教练机进行了大量设计修改，包括加强起落架、增加弹射挂钩和尾钩等。经过长达数年的努力，T-45原型机于1988年4月16日成功首飞，并于1991年开始交付使用。

　　T-45"苍鹰"教练机自服役以来，已成为美国海军舰载机飞行员培训的主力机型。该机型不仅具备优异的飞行性能和操纵特性，还配备了先进的航电系统和武器训练设备，能够满足舰载机飞行员从初级到高级的全阶段培训需求。

基本参数	
长度	13.14米
翼展	9.45米
高度	4.94米
空重	4.26吨
最大起飞重量	6.12吨
发动机	1台F405-RR-401涡扇发动机
最大飞行速度	1006千米/时
实用升限	9.14千米
航程	1288千米

性能特点

　　T-45"苍鹰"教练机是以英国"鹰"60教练机为基础而设计的，应美国海军要求，T-45"苍鹰"教练机的机翼前缘附加了电动油压驱动的襟翼，以便在降落时伸出产生更多升力；内部结构重新设计和强化。其后座舱有武器瞄准具；每侧机翼下有1个挂点，可带教练炸弹架、火箭弹发射器或副油箱，在进行高级训练时具备武器投放能力。如有必要，还可在机身中线处外挂1个吊舱。

相关链接 >>

　　T-45C"苍鹰"教练机的存在，对
美国海军的意义非常大。作为一款优秀
的舰载教练机，T-45C"苍鹰"教练机比真
正的舰载战斗机更加容易操控，能够降低
上舰飞行，特别是拦阻着舰的风险。新
手飞行员在该机上更容易领悟到着舰
技巧，不需要拿真正的舰载战斗机
练手。

▲ T-45 "苍鹰" 教练机

C-2 "灰狗"运输机

■ 简要介绍

C-2"灰狗"运输机是美国海军装备的一款双发后掠翼涡桨式舰载运输机,在E-2A"鹰眼"预警机的基础上发展而来,主要用于为航空母舰运输货物或人员,提供关键的后勤支援。它具备与航空母舰升降机和甲板机库相匹配的能力,能够使用弹射装置起飞并拦阻降落,是航空母舰上不可或缺的"快递员"。

C-2"灰狗"运输机的研发始于对E-2A预警机的改进和扩展。美国格鲁曼公司(后被诺斯罗普公司收购)根据"载机上投递"计划,保留了E-2原有的机翼及动力装置,将机身扩大,并在机尾设置装卸坡道,以适应运输任务的需求。经过多次试飞和测试,C-2"灰狗"运输机于1964年成功完成首飞,并于同年12月正式交付美国海军使用。

自服役以来,C-2"灰狗"运输机在航空母舰编队中发挥了重要作用,为美国海军提供了快速、灵活的运输能力。它能够在短时间内将人员、货物和邮件等物资从岸上基地运送到航空母舰上,或在航空母舰之间进行转运。

基本参数	
长度	17.32米
翼展	24.56米
高度	4.839米
空重	15.3吨
最大起飞重量	24.66吨
发动机	2台T56-A-425涡桨发动机
最大飞行速度	635千米/时
实用升限	10.2千米
航程	2400千米

■ 性能特点

C-2"灰狗"运输机的机舱随时可以容纳货物、乘客或两者兼载,该机型还配置了能够运载伤者、充任医疗护送任务的设备,并能于短短几小时内直接由岸上基地紧急载运货物至航空母舰上。此外,该机型还配备了运输架及载货笼系统,加上货机大型的机尾坡道、机舱大门和动力绞盘设施,使其能在航空母舰上快速装卸物资。C-2A(R)还配置有和E-2C同级的升级版电子设备。

相关链接 >>

由于在设计时控制机身重量的要求，C-2"灰狗"运输机载重量和货舱尺寸受限，在货舱结构上做了不少简化，导致最大起飞重量不超过25吨，而且由于货舱地板强度限制，单件货物的重量还不能超过21吨，这严重制约了其日常使用，如无法运输坦克等重型装甲车。

▲ C-2"灰狗"运输机

V-22 "鱼鹰" 倾转旋翼机

■ 简要介绍

V-22 "鱼鹰" 倾转旋翼机是由美国波音公司和贝尔直升机公司联合设计制造的一款具备垂直起降和短距起降能力的倾转旋翼机。它融合了直升机的垂直升降能力和固定翼螺旋桨飞机的高速、远航程及低油耗等优点，被誉为空中的"混血儿"。

V-22 "鱼鹰" 倾转旋翼机的研发始于20世纪80年代，基于贝尔直升机公司早先的XV-3和XV-15实验机进行。该机型历经多年研发，于1989年3月19日成功首飞。经过长时间的测试、修改和验证，在技术上逐渐成熟。最终，在2006年11月16日，V-22 "鱼鹰" 倾转旋翼机正式进入美国空军服役，随后在2007年也开始在美国海军陆战队服役。

V-22 "鱼鹰" 倾转旋翼机自服役以来，以其独特的性能和多应用领域受到了广泛的关注。该机型可执行运输、特种作战、搜索救援、医疗救护等多种任务，成为美军全球部署和快速反应的重要工具。

基本参数	
长度	17.5米
翼展	14米（连同旋翼25.8米）
高度	6.73米
空重	14.4吨
最大起飞重量	27.4吨
发动机	2台AE 1107C涡轮轴发动机，每台4590千瓦
最大飞行速度	509千米/时
实用升限	7.62千米
航程	1627千米

■ 性能特点

V-22 "鱼鹰" 倾转旋翼机的垂直起飞和悬停时的效率稍逊于直升机，但其常规飞行性能却是直升机无法匹敌的。它能完成直升机所能完成的一切操作，由于其速度快、航程远、有效载荷较大等优点，因此特别适合执行兵员和装备突击运输、战斗搜索和救援、特种作战、后勤支援、医疗后撤、反潜等方面的任务。

相关链接 >>
V-22"鱼鹰"倾转旋翼机结合了直升机和固定翼飞机的优点,既能垂直起降,又能快速飞行,被誉为"空中变形金刚"。

▲ V-22 "鱼鹰" 倾转旋翼机

CH-46 "海骑士"直升机

■ 简要介绍

　　CH-46 "海骑士" 直升机是一款纵列双引擎双螺旋桨全天候标准多功能中型运输直升机，能够在复杂环境中稳定飞行，并具备优异的悬停和快速转向能力。

　　CH-46 "海骑士" 直升机的研发始于20世纪50年代末，由伏托尔飞机公司（后被波音公司收购）负责。该机继承了之前公司研制的 H–25 "骡子" 直升机的纵列双旋翼布局和 H–21 "飞行香蕉" 的旋翼系统，采用了全新的轻量化涡轮轴发动机。经过多次试飞和改进，CH-46 "海骑士" 直升机于 1962 年 10 月 16 日成功首飞，并于 1964 年 6 月正式服役。

　　CH-46 "海骑士" 直升机自服役以来，在美国海军陆战队中发挥了重要作用。它主要用于将作战部队、支援设备和补给品迅速由两栖攻击登陆舰和已建成的机场运送到前方基地。此外，CH-46 "海骑士" 直升机还执行了包括水面搜救、机动补充油料和重整补给站等在内的多种任务。在多次军事行动中，CH-46 "海骑士" 直升机都表现出了优异的性能。

基本参数	
长度	13.67米
主旋翼直径	15.31米
高度	5.11米
空重	7.047吨
最大起飞重量	11.03吨
发动机	2台T58-GE-16涡轮轴发动机
最大飞行速度	267千米/时
实用升限	5.2千米
航程	1020千米

■ 性能特点

　　CH-46 "海骑士" 直升机的外形有点儿像公共汽车，双螺旋桨，可用于遂行垂直补给、战斗群内部后勤、医疗后送以及搜索营救等任务。在用于海上搜救时，其尾门就成了一个跳水平台，便于潜水救生员入水，也便于在水面悬停时把落水人员或橡皮艇拖上直升机。该机型装有复式增稳系统、自动配平系统，主要武器是 2 挺 M2 或 M60 机枪。

▲ CH-46 "海骑士" 直升机

相关链接 >>

CH-46 "海骑士" 直升机和CH-47A "支奴干" 直升机的渊源很深，这两款直升机源自同一种方案，最开始伏托尔飞机公司YHC-1B的5架V-114原型机的编号就是YCH-47A "支奴干"。但体积较小的CH-46 "海骑士" 直升机更适合上舰，因而成为美国海军陆战队主要的战斗攻击直升机之一。而CH-47A "支奴干" 直升机则成为陆军的新一代重型运输直升机。

AH-1"眼镜蛇"武装直升机

■ 简要介绍

AH-1"眼镜蛇"武装直升机是由美国贝尔直升机公司研制的一款双发单旋翼带尾桨纵列式双座武装直升机，也是世界上第一款反坦克武装直升机。它主要用于提供近距离火力支援和协调火力支援，可执行反坦克、反装甲、护航、侦察等多种任务。

AH-1"眼镜蛇"武装直升机的研发始于20世纪60年代中期。贝尔直升机公司在UH-1"休伊"运输直升机的基础上进行了改进和升级，研制出了这款专用的武装直升机。经过多次试飞和改进，AH-1"眼镜蛇"武装直升机于1967年8月正式服役，并迅速成为美国陆军和海军陆战队的重要装备。

AH-1"眼镜蛇"武装直升机在服役期间经历了多次升级和改进，包括换装更强大的发动机、升级武器系统、改进航电系统等。这些改进使得AH-1"眼镜蛇"武装直升机的作战能力得到了显著提升，成为一款多用途、高性能的武装直升机。目前，AH-1"眼镜蛇"武装直升机仍在多个国家和地区的军队中服役，并发挥着重要作用。

基本参数

基本参数	
长度	17.68米
主旋翼直径	14.6米
高度	4.32米
空重	4.95吨
最大起飞重量	6.69吨
发动机	2台T700涡轮轴发动机
最大飞行速度	352千米/时
实用升限	3.72千米
航程	587千米

■ 性能特点

AH-1"眼镜蛇"武装直升机第一种生产型安装1座TAT-102A炮塔，内装1挺备弹8000发的GE GAU-2B/A"迷你炮"；自AH-1J型开始安装A/A49E-7型旋转炮塔，内有1门M197型3管20毫米"加特林式"机关炮，其实就是"火神"炮的三管版本，并最终成为美国海军陆战队和陆军"眼镜蛇"的标准炮塔武器。该机型机身的短翼上可挂载枪榴弹发射器或火箭弹以及反装甲导弹。

相关链接 >>

　　AH-1"眼镜蛇"武装直升机因缺乏夜间瞄准系统和机载激光指示器,严重限制了在夜间和恶劣天气条件下的行动,并且还无法使用当时美军新研制的具有远距离投射能力的"狱火"导弹。当然,在万不得已时,它依靠照明弹和探照灯也能在夜间作战。为此,美军开展了2个实验性的项目以发展夜战型"眼镜蛇"。

▲ AH-1"眼镜蛇"武装直升机

CH-53E "超级海种马"直升机

■ 简要介绍

CH-53E "超级海种马"直升机是美国西科斯基飞机公司研制的一款三发重型多用途直升机，以强大的运输能力和多任务适应性而闻名。

CH-53E "超级海种马"直升机的研发始于 20 世纪 60 年代末至 70 年代初，其作为西科斯基直升机家族的 S-80 系列成员，是一种衍生自 CH-53 "海上种马"的型号。西科斯基飞机公司凭借其前瞻性的眼光，在美军正式提出需求之前就开始了 CH-53D 的改进工作。通过加装第三台发动机、增加旋翼桨叶数量等关键改进，西科斯基飞机公司成功推出了 CH-53E "超级海种马"直升机。该机型于 1974 年 3 月 1 日首飞，并在经过一系列测试后于 1981 年开始服役。

CH-53E "超级海种马"直升机自服役以来，在美军中发挥了重要作用。它被广泛用于军事支援、作战装备战术运输、损伤装备回收以及飞机的拆运等多种任务。其强大的运输能力和多任务适应性使得 CH-53E "超级海种马"直升机成为美军执行两栖登陆作战、海外部署和紧急救援等任务的重要工具。

基本参数

基本参数	
长度	30.19米
主旋翼直径	24.08米
高度	8.46米
空重	15.07吨
最大起飞重量	33.34吨
发动机	3台T64-GE-416 / 416A涡轮轴发动机
最大飞行速度	315千米 / 时
实用升限	5.6千米
航程	1833千米

■ 性能特点

CH-53E "超级海种马"直升机的主旋翼可以自动折叠，尾梁可以向左折叠，因此符合舰载部署的苛刻要求。它配备 3 台 T64-GE-416/416A 涡轮轴发动机，主旋翼由 7 个叶片组成，尾桨有 4 个叶片。由于配备伸缩式受油杆，该机型可在飞行过程中进行空中加油，极大提升了作战半径和滞空时间。

▲ CH-53E "超级海种马"直升机

相关链接 >>

由 CH-53E "超级海种马"直升机改进而来的 MH-53E 直升机以航空母舰、两栖攻击舰或其他战舰为基地执行运输任务。执行扫雷任务时，它可以拖带一个综合多功能扫雷系统，外形类似一条双体小船，携带有多种探雷设备和扫雷器械，包括 MK 105 扫雷滑水撬、ASQ-14 侧向扫描声呐、MK 103 机械扫雷系统。由于能够执行多种任务，该机型完全符合美国海军陆战队从海到陆的作战思想。

SH-60 "海鹰" 直升机

■ 简要介绍

SH-60 "海鹰" 直升机是美国西科斯基飞机公司研制的一款海上舰载多任务直升机，是UH-60 "黑鹰" 直升机的改进型，专为海上作战设计。它采用双发、单旋翼布局，具备优异的低速飞行性能，能够执行多种任务，是美国海军海上力量的重要空中支援力量。

SH-60 "海鹰" 直升机的研发始于20世纪70年代，以西科斯基S-70直升机和UH-60通用直升机为基础进行研制。在研发过程中，工程师们对直升机进行了防腐处理，并增加了漂浮组件、回收辅助、锁定与横移系统等海上专用设备，以确保其在恶劣海洋环境中能正常运行。

SH-60 "海鹰" 直升机于1979年12月12日首飞，1984年开始服役。它不仅在反潜、搜救等任务中表现出色，还广泛用于运送物资和人员、支持两栖作战等任务。此外，SH-60系列直升机还经历了多次升级和改进，推出了SH-60F "大洋鹰"、MH-60R等型号。

基本参数

基本参数	
长度	19.76米
主旋翼直径	16.36米
高度	5.18米
空重	6.895吨
最大起飞重量	10.433吨
发动机	2台T700-GE-401C涡轮轴发动机
最大飞行速度	270千米/时
实用升限	3.7千米
航程	830千米

■ 性能特点

SH-60 "海鹰" 直升机的用途十分广泛，它可以部署在具有航空操作甲板的航空母舰、驱逐舰、护卫舰、两栖舰等海军舰艇上，并可以执行反潜战、反水面战、海军特种作战、搜索和救援、垂直补给以及医疗后送等任务，极大地增强了美国海军舰艇的作战能力。

相关链接 >>

　　SH-60"海鹰"直升机与在美国陆军中服役的"黑鹰"直升机约有83%的零部件是通用的。但是因海上作战的特殊性，SH-60"海鹰"直升机的改进幅度比较大，其机身蒙皮经过特殊处理，以适应海水的腐蚀；增加了旋翼刹车，装备旋翼自动折叠系统，尾部的水平尾翼呈矩形，也可以折叠；油箱1/3以下部分能够自封；增加了紧急漂浮系统。

▲ SH-60"海鹰"直升机

MQ-25"黄貂鱼"无人加油机

■ 简要介绍

MQ-25"黄貂鱼"无人加油机是美国波音公司专为美国海军航空母舰舰载战斗机设计的一款无人加油装备,其前身为X-47B舰载无人攻击机项目。该无人机具备一定的隐身能力,能够在远距离为舰载机提供燃油补给,显著提升了航空母舰舰载机的作战半径和滞空时间。

MQ-25项目的研发始于对美国海军对空中加油能力需求的深入认识。随着航空母舰编队作战需求的不断变化,美国海军迫切需要一款能够伴随有人舰载机作战的无人加油机。波音公司在这次竞标中脱颖而出,赢得了研发MQ-25无人加油机的合同。该项目在研发过程中经历了多次技术突破和测试验证,包括原型机的制造、试飞和空中加油试验等。

MQ-25"黄貂鱼"无人加油机目前还处于研发和测试阶段,预计将在未来几年内正式服役。美国海军计划采购一定数量的MQ-25"黄貂鱼"无人机,以替代部分现有的空中加油任务,并提升航空母舰编队的整体作战能力。

基本参数	
长度	15.5米
翼展	22.9米(展开);9.54米(折叠)
高度	3米(展开);4.79米(折叠)
最大起飞重量	20吨
发动机	AE 3007N涡扇发动机

■ 性能特点

MQ-25"黄貂鱼"无人加油机研制的核心要求就是对空中加油能力进行强化,因此设计时完全放弃了"隐身加攻击"的模式,将重点放在了无人机的续航性能上。MQ-25"黄貂鱼"无人加油机采用了相对传统的设计思路,具有明显的机翼、机身、尾翼等结构,预计可以在距航空母舰900千米处为战斗机加油,一次加油可让战斗机多飞500千米左右,具备类似重型战斗机的作战半径。

▲ MQ-25 "黄貂鱼" 无人加油机（前）

相关链接 >>

很早之前，美国海军就认为未来航空母舰上 40% 以上的舰载机必将成为无人机，因此美国海军试图通过利用 MQ-25 "黄貂鱼" 无人机探索出在航空母舰甲板有限的空间内操控无人机的路径。美国海军认为，在未来，第四代和第五代战斗机与 MQ-25 等无人机组队作战的方法是航空母舰发挥成效的关键。

美国空军

美国空军的诞生可以追溯到 20 世纪初，其发展历程经历了多个阶段：

1907 年 8 月，美国陆军通信兵组建了航空科，掌管美国陆军所有的军事航空以及各种相关事务，这是美军历史上第一个军用航空部门，也是美国空军的前身之一。

随后，航空科经历了扩充和改名，于 1914 年正式扩充为航空处，并在第一次世界大战期间得到了快速发展。但相较于欧洲诸强国，美国航空兵的发展水平在第一次世界大战前夕仍然较为落后。第一次世界大战后，美国陆军航空兵逐渐发展壮大，并在第二次世界大战前夕开始强调"空中威力"，使其空中力量有了长足的发展。

经过第二次世界大战的洗礼，美国陆军航空兵凭借其卓越的战功和实力，赢得了独立的地位。1947 年 7 月 26 日，美国国会通过了《1947 年国防法》，决定将美国陆军航空兵独立组建为美国空军，成为与陆军、海军相平行的独立军种。1947 年 9 月 18 日，美国空军正式成立，这一天也被定为美国空军的建军节。

在冷战期间，美国空军经历了快速的技术发展和现代化建设，成为美国国防战略的关键组成部分。它不仅拥有核威慑、空中优势和远程打击能力，还积极参与了一些局部战争，展现了其强大的作战实力。

冷战结束后，美国空军继续致力于现代化建设和技术创新，并引进了一系列先进的战斗机、轰炸机、预警机和无人机等，并在信息化、网络化和空中作战能力方面取得重大突破。凭借着强大的作战实力和先进的技术装备，成为当今世界上实力最强大的空军之一。

F-22A "猛禽"战斗机

简要介绍

  F-22A "猛禽"战斗机是一款单座双发战术战斗机,以卓越的敏捷性、隐身性和飞行能力成为第五代机的巅峰之作。

  F-22A "猛禽"战斗机的研发始于20世纪80年代,是美国"先进战术战斗机计划"的一部分。经过激烈的竞争,洛克希德·马丁公司的YF-22原型机脱颖而出,并最终发展成为F-22A "猛禽"战斗机。该战斗机在研发过程中借鉴了F-117A等隐身战斗机的技术和经验,采用了大量先进的材料和技术,如钛合金、复合材料、矢量发动机等,以实现其超隐身性和超声速巡航能力。

  F-22A "猛禽"战斗机于2005年12月正式在美国空军服役,并迅速成为美国空军的主力战斗机之一。尽管其生产成本高昂,但F-22A "猛禽"战斗机的出色性能使其在美国空军的战略地位中占据重要地位。目前,美国空军共装备了183架F-22A "猛禽"战斗机,这些战斗机不仅在美国本土进行训练和作战任务,还多次被部署到海外基地,执行各种军事任务。

基本参数	
长度	18.92米
翼展	13.56米
高度	5.08米
空重	19.7吨
最大起飞重量	38吨
发动机	2台F119-PW-100涡扇发动机
最大飞行速度	2414千米/时
实用升限	20千米
最大航程	3000千米(携带2个外部燃油箱)

性能特点

  F-22A "猛禽"战斗机机身蒙皮全都采用了高强度、耐高温的BMI复合材料,武器舱门与起落架舱门使用热塑复合材料。该战斗机配备了主动相控阵雷达、AIM-9X近程空空导弹、AIM-120C中程空空导弹、矢量推力引擎、先进整合航电与人机接口等,具备超声速巡航、超视距作战、高机动性、对雷达与红外线隐身等特性,综合性能极佳。

相关链接 >>

F-22A"猛禽"战斗机整体水平领先,其超声速巡航能力和隐身性能是多数战斗机尚未实现的能力。但在2004年12月20日至2020年5月15日,其曾先后发生5次坠机事故。军事观察员结合坠机事故的调查结果分析,F-22A"猛禽"战斗机坠机的原因可能是飞机飞控系统或供氧系统存在漏洞,也可能是飞行员操作不熟练。

▲ F-22A"猛禽"战斗机

F-35A "闪电Ⅱ"战斗机

■ 简要介绍

F-35A "闪电Ⅱ" 战斗机是一款单座单发多用途战斗机，属于第五代战斗机 "闪电Ⅱ" 的一种型号，主要采用传统跑道起降。它具备高隐身设计、先进的电子系统以及一定的超声速巡航能力，能够执行包括前线支援、目标轰炸、防空截击等多种任务。

F-35A "闪电Ⅱ" 战斗机的研发始于 20 世纪 90 年代末，是 "联合攻击战斗机计划" 的一部分。在研发过程中，F-35A "闪电Ⅱ" 战斗机经历了多次试验和改进，以确保其满足作战需求。洛克希德·马丁公司作为主承包商，与多家国际合作伙伴共同参与了该项目的研发和生产。

F-35A "闪电Ⅱ" 战斗机于 2016 年 8 月 2 日正式在美国空军服役，并逐步成为美国空军的主力战斗机之一。它已在全球范围内获得多个国家的订单，包括英国、意大利、荷兰、澳大利亚、日本等。

基本参数	
长度	15.4米
翼展	10.7米
高度	4.33米
空重	13.199吨
最大起飞重量	31.8吨
发动机	1台F135-PW-100涡扇发动机
最大飞行速度	1960.1千米/时
实用升限	18.3千米
最大航程	大于2220千米

■ 性能特点

F-35A "闪电Ⅱ" 战斗机采用了四大关键航空电子系统——AN/APG-81 有源相控阵雷达、光电分布孔径系统、综合电子战系统及光电瞄准系统。这些系统产生的关键飞行状态数据、任务信息、威胁和作战目标信息可投射到能实现 360° 环视的视场头盔面罩上，大大提高了飞行员对战场的感知态势，提升了空中作战能力和精准打击能力，可在多种环境下应对不同的作战需求。

相关链接 >>

F-35A"闪电Ⅱ"战斗机是由通用化平台设计而来的，该平台能够同时满足空军、海军以及海军陆战队三个军种的需求，这是史无前例的。F-35A"闪电Ⅱ"战斗机已经具备了核打击能力，它获得了可携带B61-12热核重力炸弹的部署认证，成为既可携带常规武器又可携带核武器的双重能力战机。

▲ F-35A"闪电Ⅱ"战斗机

F-15C/D "鹰"战斗机

■ 简要介绍

F-15C/D "鹰"战斗机是美国麦克唐纳·道格拉斯公司研制的一款超声速喷气式战斗机，属于第四代战斗机 F-15 "鹰"系列中的两种重要型号，具备高机动性、全天候作战能力和先进的航电系统。其中 F-15C 为单座型，主要用于空中优势作战；F-15D 则为双座教练型，用于飞行员的培训。

F-15C/D "鹰"战斗机的研发始于 20 世纪 60 年代末的 "F-X 计划"，旨在开发一种能够取代当时老旧战斗机的先进战斗机。经过多轮竞争和测试，麦克唐纳·道格拉斯公司的设计方案最终胜出，并于 1972 年实现了原型机的首飞。在随后的几年里，F-15C/D 经历了不断地改进和优化，最终于 1976 年开始服役。

F-15C/D "鹰"战斗机自服役以来，一直是美国空军的主力战斗机之一。它们不仅具备强大的空中作战能力，还能够执行对地攻击等多样化任务。随着技术的不断进步和作战需求的变化，F-15C/D "鹰"战斗机也进行了多次升级和改进，以保持作战效能的领先地位。

基本参数（F-15C）

长度	19.45米
翼展	13.05米
高度	5.65米
空重	12.973吨
最大起飞重量	30.845吨
发动机	2台F100-PW-100或F100-PW-220涡轮扇发动机
最大飞行速度	3062.6千米/时
实用升限	19.8千米
最大航程	5552千米（带保形油箱和三个外挂副油箱）

■ 性能特点

F-15C "鹰"战斗机的机身为全金属半硬壳结构，前段包括头部雷达罩、座舱和电子设备舱；中段与机翼相连，部分采用钛合金件；后段为钛合金结构发动机舱。F-15C、F-15D 两种机型均配有 20 毫米的机关炮，装弹的数量略有不同；所用的导弹有 AIM-120 中距导弹、AIM-9 "响尾蛇"导弹和 AIM-7 "麻雀"导弹，可用于空空作战。

相关链接 >>

相比于 F-15A 型，F-15C "鹰"战斗机的内部载油量增加，采用 F100-PW-220 涡轮扇发动机，最大起飞重量有所增加，并采用改进型 APG-63 雷达，也可换装侦察传感器、干扰设备、激光标定装置、微光电视设备等。另外，该系列战斗机均搭载自动化的武器系统、手置节流阀与操纵杆，飞行员只需使用节流阀杆和操纵杆上的按钮，就可以进行空战。

▲ F-15D "鹰"战斗机

F-15E/EX "攻击鹰"战斗轰炸机

■ 简要介绍

F-15E/EX "攻击鹰"战斗轰炸机是一款双座超声速战斗轰炸机，兼具对地攻击能力和空中优势，被称为"双重任务"战斗机。F-15EX 作为升级版本，提升了弹药挂载能力和发动机性能。

F-15E "攻击鹰"战斗轰炸机的研发始于 20 世纪 80 年代，为了满足美国空军对制空兼战术轰炸的双重任务需求，麦克唐纳·道格拉斯公司在 F-15 的基础上进行了大量改进，增加了武器外挂点和保形油箱，提升了载弹量和航程。F-15EX "攻击鹰"战斗轰炸机则是在此基础上采用了全新的架构和更先进的动力系统，以应对日益复杂的战场环境。

F-15E "攻击鹰"战斗轰炸机自 1995 年服役以来，一直是美国空军的主力重型战斗轰炸机之一，它凭借超强的挂载及载弹能力、远程对地攻击能力和空战能力，赢得了"炸弹卡车"的美誉。F-15EX "攻击鹰"战斗轰炸机近年来开始逐步服役，具备更强的作战能力和灵活性。目前，F-15E/EX "攻击鹰"战斗轰炸机不仅在美国空军中广泛使用，还出口到多个国家和地区，成为国际市场上备受欢迎的先进战斗轰炸机之一。

基本参数（F-15E）	
长度	19.44米
翼展	13.03米
高度	5.68米
空重	14.379吨
最大起飞重量	36.741吨
发动机	2台F110-GE-132或F100-PW-229EEP涡扇发动机
最大飞行速度	3062千米/时
实用升限	15千米
最大航程	5556千米（配备三个副油箱）

■ 性能特点

F-15E "攻击鹰"战斗轰炸机以 F-15B 双座教练型为基础，后座变更为武器系统官的座位，操作新的空地装备。4 具多功能显示器可以显示雷达、电战系统、红外线传感器等传来的资讯，以监控飞机与武器、探测可能的威胁、选择特定目标，并且能够使用电子地图进行导航。它有 11 个外部挂架，可以携带数枚 AIM-9L/M/X 近距空空导弹、AIM-7F 中距空空导弹以及 AIM-120 先进中距空空导弹等。

▲ F-15E "攻击鹰"战斗轰炸机

相关链接 >>

2022 年初，F-15EX"攻击鹰"战斗轰炸机在佛罗里达州的埃格林空军基地和廷德尔空军基地进行了 AIM-120D 和 AIM-120C3 导弹试验，这两次试验都是由美国空军第 40 飞行试验中队进行的。随后美国空军得出一个结论：F-15EX"攻击鹰"战斗轰炸机比任何美国现役战斗机的空战能力都强，而且它具有更大的武器有效载荷和 20000 小时的使用寿命。

F-16C/D "战隼"战斗机

■ 简要介绍

F-16C/D "战隼"战斗机是美国通用动力公司研制的第四代多用途战斗机,是F-16 "战隼"系列中的两种主要型号,其中C型为单座战斗机,D型为双座教练/战斗型。这两款战斗机以优异的机动性、先进的航电系统和广泛的武器挂载能力而闻名,能够执行建立空中优势、对地攻击等多种任务。

F-16C/D "战隼"战斗机的研发始于20世纪70年代,作为美国空军"轻型战斗机计划"的一部分,旨在开发一种低成本、高性能的轻型战斗机。经过多轮竞争和测试,通用动力公司的设计方案最终胜出。

自1979年服役以来,F-16C/D "战隼"战斗机成为极受美国空军欢迎的战斗机之一。它们不仅具备强大的空中优势作战能力,还能够执行对地攻击、侦察等多种任务。目前,F-16C/D "战隼"战斗机仍在全球多个国家和地区服役,并继续接受升级和改进,以保持其作战效能的领先地位。

基本参数	
长度	15.06米
翼展	9.45米
高度	5.09米
空重	8.495吨
最大起飞重量	19.185吨
发动机	F110-GE-100涡扇发动机
最大飞行速度	2175千米/时
实用升限	15.24千米
最大航程	3819千米

■ 性能特点

F-16C/D "战隼"战斗机现役最新的改进型号是Block 50/52,改进包括以下内容:采用了H-423激光陀螺导航系统;加装了GPS接收机;采用了AN/ALR-56M先进雷达告警接收机;采用了AN/ALE-47自适应干扰系统;加装了数字地形系统数据传输链路;改进了座舱设计,使得飞行员佩戴夜视镜时也能看清座舱内各种显示装置;采用了先进的敌我识别系统;改进了平视显示仪以适应多种战术任务;等等。

相关链接 >>

F-16C/D"战隼"战斗机的 Block 40/42
批次又称为"夜隼",改进了其在夜间和
恶劣气候下的作战能力。它们装备了全新的夜间
低空导航和红外瞄准导航／目标指示吊舱,该
吊舱有红外成像、激光制导等功能;还改
装了联合全息平视显示器、GPS 导航仪、
APG-68V(5) 雷达、ALE-47 诱饵弹、全
新的四余度数字式飞行控制系统、
自动地形跟踪系统。这两种型号
战斗机的座舱盖镀有金属膜来
减少雷达反射回波。

▲ F-16D"战隼"战斗机

A-10 "雷电Ⅱ" 攻击机

■ 简要介绍

A-10 "雷电Ⅱ" 攻击机是美国费尔柴尔德公司研发的一款单座双引擎攻击机，主要负责为地面部队提供密接支援任务，包括攻击、武装车辆和重要地面目标等。其官方名称源自第二次世界大战时期的 P-47 雷电式战斗机，被美军昵称为 "疣猪" 或 "猪"。

A-10 "雷电Ⅱ" 攻击机的研发始于 20 世纪 60 年代末。针对苏联装甲部队的威胁，美国空军提出了 "A-X 计划"，旨在开发一种新型攻击机。经过多轮竞争和测试，最终费尔柴尔德公司的设计方案胜出。该机型于 1972 年 5 月 10 日首飞成功，并于 1976 年 3 月正式服役。

A-10 "雷电Ⅱ" 攻击机自服役以来，凭借优异的性能和可靠的作战能力，为地面部队提供了有力的支援。尽管如今新型战斗机不断涌现，但 A-10 "雷电Ⅱ" 攻击机仍以其独特的作战能力和不可替代性在美国空军中占据着重要地位。

基本参数	
长度	16.26米
翼展	17.53米
高度	4.47米
空重	11.321吨
最大起飞重量	22.7吨
发动机	2台TF34-GE-100涡扇发动机
最大飞行速度	833千米/时
实用升限	13.7千米
最大航程	4140千米（配备副油箱）

■ 性能特点

A-10 "雷电Ⅱ" 攻击机的长机翼不仅可以提高航程，还可以实现短距起降。由于其飞行速度慢，长时间滞留于战争第一线，因而增加自卫措施就显得格外重要。除采用机关炮、导弹、火箭弹实施攻击与自卫外，A-10 "雷电Ⅱ" 攻击机还依赖比较完善的电子战设备，该设备主要包括雷达告警系统、箔条曳光弹投放系统及电子干扰系统。

相关链接 >>

　　A-10"雷电Ⅱ"采用中等厚度大弯度平直下单翼、尾吊双发、双垂尾的常规布局,不仅便于安排翼下挂架,而且有利于长长的平尾与两个垂直尾翼遮蔽发动机排出的火焰与气流,可有效抑制红外制导的地空导弹的攻击。其主要武器有近距空中支援武器MK82通用炸弹、30毫米机关炮,还能发射AGM-65"幼畜"空地导弹和AIM-9空空导弹。

▲ A-10"雷电Ⅱ"攻击机

AC-130 空中炮艇

■ 简要介绍

　　AC-130 空中炮艇是一款以 C-130 "大力神" 运输机为基础改装的重型对地攻击机，因其强大的火力支援能力和长时间滞空特性，被形象地称为 "空中炮艇"。该款炮艇装备了多款重型武器系统，包括大口径火炮、机枪以及精确制导武器，能够对地面目标实施毁灭性打击。

　　AC-130 空中炮艇的研发始于 20 世纪 60 年代，美国空军当时决定研发一种能够长时间滞空并提供火力支援的攻击机。最终，他们选择了 "C-130 大力神" 运输机作为改装平台，通过加装武器系统和火控系统，将其转变为一种强大的对地攻击机。AC-130 空中炮艇的首飞和服役时间分别为 1971 年和 1973 年，至今已发展出多个型号，如 AC-130H、AC-130U 和 AC-130J 等。

　　AC-130 空中炮艇自服役以来，广泛参与了美国空军的各种作战行动。目前，美国空军仍保持着一定数量的 AC-130 空中炮艇在役，并对其进行持续升级和改进，以应对未来的挑战。

基本参数	
长度	29.79米
翼展	40.41米
高度	11.73米
总重	55.52吨
最大起飞重量	70.307吨
发动机	4台 T56-A-15螺旋桨发动机
最大飞行速度	482千米/时
实用升限	12千米
最大航程	4074千米

■ 性能特点

　　AC-130 空中炮艇外观看上去像一架运输机，其驾驶舱后面的侧壁上装有 2 门 20 毫米口径 "火神" 转膛速射炮，这种多管机关炮每分钟可向目标倾泻 7200 枚炮弹。该炮艇后期机种还搭载博福斯炮或榴弹炮等重型火炮，对地面目标有致命的打击能力。火炮开火时带来的巨大后坐力甚至能改变航向，因此该炮艇机舱内还专门配备有制退器。

相关链接 >>

美国空军一直在不断升级 AC-130 空中炮艇，产生了 AC-130U、AC-130E 等型号。如今，AC-130 空中炮艇上面安装了更加强大的传感器、更多智能炸弹和导弹发射装置，使其飞行高度和打击精度都大幅度提高，进而避免白天飞行时被地面炮火打击，这极大地改变了 AC-130 空中炮艇一直以来的运用方式。

▲ AC-130 空中炮艇

B-21 "突袭者"战略轰炸机

■ 简要介绍

B-21"突袭者"战略轰炸机是美国空军隶下的一款远程轰炸机,旨在取代现役的 B-52 轰炸机和 B-1B 轰炸机。它集新一代隐身技术、先进网络技术和便于升级的开放系统架构于一体,可执行常规及核打击任务,是美国空军未来战略轰炸机部队的核心力量。

B-21"突袭者"战略轰炸机的研发始于 21 世纪初,美国空军将其视为应对未来高端对抗的重要装备。2015 年,美国国防部与诺斯罗普·格鲁曼公司签署了远程打击轰炸机的合同。经过数年的设计和制造,该轰炸机于 2023 年 11 月 10 日成功完成首飞。

B-21"突袭者"战略轰炸机预计将在 2026 年至 2027 年间正式服役,并逐步取代现有的 B-1B 轰炸机和 B-52 轰炸机。美国空军计划采购约 200 架 B-21"突袭者"战略轰炸机,以满足未来作战需求。该机型服役后,必将成为美国空军未来战略轰炸机部队的中坚力量。

基本参数(推测)	
长度	小于20米
翼展	小于45米
最大载弹量	小于15吨
最大起飞重量	约82吨
最大航程	超过10000千米

■ 性能特点

B-21"突袭者"战略轰炸机采用了与 B-2"幽灵"轰炸机类似的飞翼式布局,但技术水平和装备数量明显优于后者。该机采用了先进的多功能隐身材料,可兼容雷达、红外、可见光隐身性能,增强了突防能力。通用型的内埋弹舱可以装备当前和未来多种型号常规制导炸弹、巡航导弹、钻地弹以及下一代能携带核弹头的空射巡航导弹等。

▲ B-21 "突袭者" 战略轰炸机

相关链接 >>

　　B-21 "突袭者" 战略轰炸机成规模装备部队预计要等到 2030 年以后，面对多层立体防空系统，特别是多种反隐身雷达等新型探测设备，该轰炸机的隐身能力还有待考验。另外，B-21 "突袭者" 战略轰炸机需要具备完善的保障功能和固定机场，而这些固定设施必然是对方首轮攻击的重点目标，机场要比飞机本身更加 "脆弱"，因此该轰炸机可能难以保证持久的作战能力。

B-2 "幽灵" 轰炸机

简要介绍

B-2 "幽灵" 轰炸机是由美国诺斯罗普·格鲁曼公司和波音公司联合麻省理工学院研制的一款具有高度隐身性能的战略轰炸机，是现代军事科技的巅峰之作。它以独特的飞翼式布局和低可侦测性技术，能够在对方雷达探测下隐身，可执行常规及核轰炸的双重任务。

B-2 "幽灵" 轰炸机的研发始于冷战时期，美国空军为应对苏联可能部署的先进防空系统，于 1978 年开始研制这款高空突防隐身战略轰炸机。经过数年的研发，B-2 "幽灵" 轰炸机原型机于 1989 年试飞成功。整个研发过程耗资巨大，平均每架造价高达数十亿美元。

B-2 "幽灵" 轰炸机自 1997 年开始在美国空军服役，至今仍是美国战略轰炸机部队的重要组成部分。其强大的隐身性能和打击能力，使得美国空军能够在全球范围内执行各种高难度的军事任务。B-2 "幽灵" 轰炸机不仅具备核打击能力，还能够挂载多种常规武器，执行对地攻击、电子战等多种任务。

基本参数	
长度	21米
翼展	52.4米
高度	5.18米
空重	71.7吨
最大起飞重量	170.6吨
发动机	4台F118-GE-100无后燃器涡扇发动机
最大速度	1163千米/时
实用升限	15千米
最大航程	12000千米

性能特点

B-2 "幽灵" 轰炸机没有垂尾或方向舵，从正上方看就像一个大尺寸的飞行器。它最主要的特点就是高隐身能力，能够穿过严密的防空系统实施攻击，其隐身能力并非局限于躲避雷达侦测，也包括降低红外线、可见光与噪声等不同信号的监测。该轰炸机能携带 16 枚 AGM-129 型巡航导弹，也可携带 80 枚 MK-82 型或 16 枚 MK-84 型普通炸弹，当使用核武器时，可携带 16 枚 B63 型核炸弹。

▲ B-2"幽灵"轰炸机

相关链接 >>

B-2"幽灵"轰炸机在空中加油一次作战航程可达 1.8 万千米。隐身性能可与小型的 F-117 攻击机相媲美,而作战能力却与庞大的 B-1B"枪骑兵"轰炸机相当。每次执行任务的空中飞行时间一般不少于 10 小时,2002 年 2 月它又增加了使用 JASSM 联合防区外空地导弹的能力,因而美国空军称其具有"全球到达"和"全球摧毁"能力。

B-1B "枪骑兵"轰炸机

简要介绍

B-1B "枪骑兵"轰炸机是美国空军隶下的一款远程可变后掠翼超声速战略轰炸机，由洛克威尔公司研制，波音公司负责后续开发。该机以超声速飞行能力和隐身性能著称，能够执行战略突防轰炸、常规轰炸、海上巡逻等多种任务，同时也可作为巡航导弹载机使用。

B-1B "枪骑兵"轰炸机作为 B-52 轰炸机的后继机，其研发工作始于 20 世纪 60 年代。最初研制的 B-1A 原型机因战略需求变化和高昂的成本而取消，随后改进的 B-1B 于 1982 年开始研制，在 B-1A 的基础上加强了机身结构，更换了攻击电子系统的主要元件，重新设计了防御电子系统，并进行了隐身处理，使其雷达反射截面积大幅减少。

B-1B "枪骑兵"轰炸机于 1984 年完成首飞，1985 年正式进入美国空军服役，至今仍是美国战略轰炸机部队的重要组成部分。服役期间，B-1B "枪骑兵"轰炸机参与了多次军事行动，包括海湾战争、科索沃战争等，展现了其强大的作战能力和灵活性。

基本参数	
长度	44.8米
翼展	41.8米
高度	10.4米
空重	87.1吨
最大起飞重量	216.4吨
发动机	4台F101-GE-102加力涡扇发动机
最大飞行速度	1530千米/时
实用升限	18千米
作战半径	5543千米

性能特点

B-1B "枪骑兵"轰炸机的外形按照美国空军要求，尽量降低被雷达探测的可能性。它在平坦的地面上可降低到 60 米的飞行高度，能成功突破敌方防御，将防区外发射武器或自由落体武器精确投射到打击目标上。这归功于其前方监视雷达和自动操纵装置组合而成的地形追踪系统，机艇能不断地探测飞行路径的地形，使机体自动配合起伏升降，与地表保持一定的高度。

▲ B-1B "枪骑兵" 轰炸机

相关链接 >>

　　B-1B "枪骑兵" 轰炸机具有良好
的生存能力、突防能力以及惊人的大
载弹量和大航程能力。它可安装外置武器挂
架，理论上可外挂 14 件战略武器，但《削
减战略武器条约》中声明不能外挂多于
12 件的核武器，而且外挂武器会大大
降低飞机的性能，所以 B-1B "枪骑
兵" 轰炸机在服役中未使用外部
挂架。

B-52H "同温层堡垒"轰炸机

■ 简要介绍

　　B-52H "同温层堡垒" 轰炸机是美国波音公司研制的一款远程战略轰炸机，作为 B-52 系列轰炸机的最终改进型，具有航程远、载弹量大的特点，是美国空军重要的战略打击力量。"同温层堡垒" 的称号，形象地表达了其具有在同温层（平流层）进行高空飞行的能力。

　　B-52 系列轰炸机的研发始于 20 世纪 40 年代末，旨在替换当时的 B-36 轰炸机。经过多次改进和升级，最终定型为 B-52H "同温层堡垒" 轰炸机并大量生产。其设计采用了圆角矩形截面的细长体机身和大展弦比的后掠机翼，能提供出色的飞行性能和稳定性。

　　B-52H "同温层堡垒" 轰炸机至今仍是美国空军战略轰炸机部队的重要组成部分。服役期间经历了多次升级和改进，凭借着出色的航程、载弹量和维护成本效益，该轰炸机仍在美国的全球战略中发挥着重要作用。目前，美国空军正计划为该轰炸机配备新的发动机，以进一步提升其性能和延长服役寿命。

基本参数	
长度	48.5米
翼展	56.4米
高度	12.4米
空重	83吨
最大起飞重量	220吨
发动机	8台TF-33-P-3/103型涡扇发动机
最大飞行速度	1047千米/时
实用升限	15千米
最大航程	16232千米

■ 性能特点

　　B-52H "同温层堡垒" 轰炸机和 B-52G 非常相似，只是改用了 8 台 TF-33-P-3/103 型涡扇发动机，在尾部炮塔上安装了 20 毫米口径的加农炮。此款轰炸机主要武器是 20 枚 AGM-86C 常规空射巡航导弹、精确制导炸弹、常规炸弹和鱼雷、联合直接攻击炸弹和联合防区外空地导弹等。其航程也很惊人，作战半径可达 7200 千米，最大航程可达 16232 千米。

▲ B-52H "同温层堡垒"轰炸机

相关链接 >>

　　2022 年 11 月，美国波音公司公布了 B-52H "同温层堡垒"轰炸机的升级项目和最终效果图。升级项目主要针对发动机、雷达、通信与飞控系统以及武器挂载系统，特别是淘汰早已停产的旧发动机，换装英国罗尔斯·罗伊斯公司生产的全新发动机。通过这种"换心手术"，波音公司计划让这款服役近 70 年的"花甲老机"再飞 30 年。

E-3 "望楼" 预警机

■ 简要介绍

E-3 "望楼" 预警机是美国波音公司研制的一款全天候远程空中预警和控制飞机，属于 E-3 系列预警机的改进型号。该机集先进的雷达系统、通信设备和指挥控制系统于一体，能够全天候、远距离搜索和监视空中、陆地和水上目标，为指挥官提供实时、全面的战场态势信息。独特的旋转雷达模组和强大的指挥引导能力，使其成为现代美国空军空中力量的重要组成部分。

E-3 "望楼" 预警机的研发始于冷战时期，美国空军提出了 "空中警戒和控制系统" 计划。波音公司根据该计划，基于波音 707 客机平台研制了该预警机。经过多年的研制和测试，E-3 预警机于 1977 年交付使用，并逐渐发展出多个改进型号，包括 E-3B 和 E-3G 等。

E-3B/G "望楼" 预警机自服役以来，已在全球范围内参与了多次军事行动和演习，包括海湾战争等，其优秀的预警和指挥能力得到了广泛的认可。目前，E-3 "望楼" 预警机不仅在美国空军中服役，还出口到了英国、法国、沙特阿拉伯等多个国家和地区。

基本参数	
长度	43.68米
翼展	39.27米
高度	12.6米
空重	78吨
最大起飞重量	148吨
发动机	4台TF33-PW-100A涡扇发动机
最大飞行速度	855千米/时
实用升限	12.2千米
最大航程	7400千米

■ 性能特点

E-3 "望楼" 预警机所使用的多普勒脉冲雷达可以在约 400 千米半径以上的范围内侦测低空飞行目标，而水平脉冲波则可在约 650 千米范围内侦测到高空的空中载具。此外，雷达组中的副监督雷达子系统可以进一步对目标进行辨认，标出敌我机，并消去地面物体造成的杂乱讯号。

▲ E-3 "望楼" 预警机内部

相关链接 >>

E-3 "望楼" 预警机需要定期进行改进才能保持优势，但更新与维护费用高昂，因此，要求对其进行密切关注。E-3 "望楼" 预警机的两个主要经典型号 E-3B 和 E-3C 正在按照 E-3G Block 40/45 的新标准进行升级，这是一个座舱改进计划，于 2003 年启动。它围绕任务系统转型，有效地将 E-3B/C 重新定型为单一的 E-3G 标准。

E-7A "楔尾"空中预警机

简要介绍

E-7A "楔尾"空中预警机是美国波音公司研制的一款先进的空中预警和控制飞机，融合了先进的雷达技术、电子情报收集系统和高速数据处理能力，能够在复杂的电磁环境中为指挥官提供实时、准确的战场态势信息。其"楔尾"的命名象征着这款预警机如同楔形一般，能够迅速切入并掌控战场态势。

E-7A "楔尾"空中预警机的研发始于21世纪初，是E-7预警机的改进版。研发过程中融合了多项先进技术，包括高性能雷达系统、智能数据处理技术和先进的通信设备等，从而实现了对战场信息的快速获取和精确分析。

E-7A "楔尾"空中预警机目前只交付美国空军2架原型机，今后实装美国空军后会成为其空中力量的倍增器，其灵活的部署能力和强大的情报处理能力使得它在各种军事行动中都能发挥关键作用。此外，E-7A还具备出色的生存能力和抗干扰性能，能够进行长时间巡逻和任务执行。

基本参数	
长度	33.6米
翼展	35.8米
高度	12.6米
空重	46.61吨
最大起飞重量	77.57吨
发动机	2台CFM56-7B27A型涡扇发动机
最大飞行速度	955千米/时
实用升限	12.5千米
最大航程	7040千米

性能特点

E-7A "楔尾"空中预警机与波音737-700短程客机相比，增加了大型的天线，对飞机的材料强度等都进行了改进，飞行阻力也有所增加。为了能够增加航程，该机在机头上安装了空中受油装置，燃料管安装在机身右舷内壁，主翼安装有燃料抛弃系统。该预警机最大的特点则是采用了多波段、多功能电子扫描相控阵雷达。

▲ E-7A "楔尾"空中预警机

相关链接 >>

E-7A "楔尾"空中预警机采用的雷达与传统的机载预警与控制系统雷达不同，它不依靠机械旋转，而是采用扫描天线来监控空中目标。它对载机同一飞行高度附近的空中目标和其高度上下的空中目标都有很大的扫描扇面，扫描孔径较大，探测精度较高。其天线整体空气动力学性能较好，空气阻力较小，对载机总体飞行性能影响较小。

E-4B 空中指挥机

■ 简要介绍

E-4B 空中指挥机又称"末日客机"，是一款由波音 747-200B 飞机改装而成的特殊军用机型。它被设计为在极端条件下，如美国本土遭受核攻击或进入紧急状态时，能够作为空中指挥中心，确保国家将领能够持续对美军部队进行指挥与控制。

E-4B 空中指挥机的研发始于 20 世纪 70 年代，研发过程中，特别注重其在通信、指挥和生存能力方面的提升，以确保在极端情况下能够发挥关键作用。经过多次改进和升级，E-4B 空中指挥机逐渐发展成今天的成熟形态。

该指挥机于 1980 年开始服役，至今仍是美国空军重要的战略资产。美国空军目前共装备有 4 架 E-4B 空中指挥机，这些飞机被部署在全球各地，以确保在需要时能够迅速响应。该指挥机的日常活动由美国空战司令部管理，并接受参谋长联席会议的控制。它不仅在军事行动中发挥重要作用，还能够在自然灾害等紧急情况下提供通信和指挥支持。

基本参数	
长度	70.51米
翼展	59.64米
高度	19.33米
空重	186吨
最大起飞重量	363吨
发动机	4台 F103-GE-100 涡扇发动机
最大飞行速度	969千米/时
实用升限	14千米
最大航程	11500千米

■ 性能特点

E-4B 空中指挥机的机体和内部设施都进行过加固处理，有效提高了该指挥机在核战争环境下的生存能力。其机载电子设备中有 13 套对外通信设备及 46 组天线，还包括超高频卫星数据链、搜索雷达、塔康系统、高频无线电导航、双重无线电罗盘等，不仅可与分布在各地的政府组织和军队部门联系，也能接入民用电话与无线电通信网。

▲ E-4B 空中指挥机内部

相关链接 >>

E-4B 空中指挥机共有 3 层甲板，上层为驾驶舱和乘员休息室；中层分 6 个功能区，从前向后依次是最高指挥当局的办公室、会议室、简令室、参谋人员工作区、通信控制中心和休息区；最下一层为通信设备舱和维护工作间。机上乘员可达 114 人，包括联合军种作战人员、空战司令部飞行员、维护和安全人员、通信人员和其他补充人员。

E-8C "联合星"指挥机

■ 简要介绍

　　E-8C "联合星"指挥机是美国空军和陆军合作研制的先进远距空地监视飞机，集监视、侦察、指挥与控制功能于一体，主要用于对地面目标进行实时监视、定位、探测与跟踪，并将信息实时传递给空军和陆军指挥所，是现代空地一体战的重要装备。

　　该指挥机的研发始于1985年，美国陆、空军联合投资15.5亿美元，开始合作研制联合监视与目标攻击雷达系统，主承包商是诺斯罗普－格鲁曼公司。前两架原型机由波音707飞机改装而成，称为E-8A，最终定型的生产型为E-8C。

　　E-8C "联合星"指挥机自服役以来，在多次军事行动和演习中发挥了重要作用，如在海湾战争和科索沃战争中，均提供了关键的情报支持和指挥控制。其强大的监视和指挥能力，使得美军能够更有效地掌握战场态势，实施精确打击。目前，E-8C "联合星"指挥机仍然是美军重要的战场监视和指挥控制平台之一。

基本参数	
长度	46.61米
翼展	44.42米
高度	12.95米
空重	77.56吨
最大起飞重量	152.4吨
发动机	4台JT8D-219涡扇发动机
最大飞行速度	945千米/时
实用升限	13千米
续航时间	9小时

■ 性能特点

　　E-8C "联合星"指挥机不仅飞得远、飞得高，续航时间又长，且雷达探测距离可达到250千米，是世界上最先进的机载对地监视、目标搜索和战场管理系统。它可以在防区外对敌地面移动目标进行探测、定位、分类，并将实时信息通过保密数据网络传递给美军指挥所，以便战场指挥官及时了解战场战术态势，协调空军和陆军的作战部门采取行动。

相关链接 >>

E-8C "联合星"指挥机与侦察卫星和无人机相比更具有优势。侦察卫星距离太远，而无人机的探测范围和探测时间又很有限，并且它们的实时性比 E-8C 差。根据 E-8C 飞机所提供的数据，不仅能对敌方的目标进行攻击，同时能在犬牙交错的战场避免误伤己方，也可对战斗破坏情况进行评估，分析攻击效果，以便采取进一步的行动。

▲ E-8C "联合星"指挥机内部

EC-130H "罗盘呼叫"通信干扰机

■ 简要介绍

EC-130H "罗盘呼叫"通信干扰机是美国空军用于干扰敌方通信的电子战飞机。该机由 C-130 运输机改装而来，具备强大的通信干扰能力，能在远距离上对敌方通信设备进行干扰，破坏敌方的指挥、控制和通信系统，为军事行动提供电子支援。

EC-130H "罗盘呼叫"通信干扰机的研发始于对 C-130 运输机的改装工作，通过加装各种电子干扰设备，如 AN/ALQ-62 侦察告警系统、SPASM 干扰系统等，EC-130H 实现了对敌方通信信号的有效干扰。这些设备使得 EC-130H 能够在复杂的电磁环境中执行任务，为美军在战场上的行动提供有力支持。

EC-130H "罗盘呼叫"通信干扰机于 1982 年 4 月开始服役，至今仍是美国空军重要的电子战装备之一。它曾多次参与实战行动，如海湾战争和科索沃战争等，在战场上发挥了重要作用。

基本参数	
长度	29.79米
翼展	40.416米
高度	11.84米
最大起飞重量	700吨
发动机	T56-A-15涡桨发动机
巡航速度	644千米/时
实用升限	11千米
最大航程	3460千米

■ 性能特点

EC-130H "罗盘呼叫"通信干扰机的明显特征是翼下吊舱和尾部几个大型刀形天线和下垂天线，飞行中飞机尾部的下垂天线可伸展出几十米。实战中可一边接收敌方通信信号，一边对其无线指挥通信和导航设备进行压制干扰。先进的导航设备也使其具备了更加出色的作战性能，可以不受天气的影响，全天候地执行作战任务。

▲ EC-130H "罗盘呼叫"通信干扰机内部

相关链接 >>

EC-130H"罗盘呼叫"通信干扰机在 C-130 的基础上加装了很多先进的电子设备，总体可分为 3 个系统，即导航系统、防护系统和广播电视发射系统。其中广播电视发射系统是执行心理作战任务的最主要系统，是整个飞机实现作战目的的核心所在。EC-130H"罗盘呼叫"通信干扰机的发射能力一直在不断改进，以求在作战中实施更大范围的信息控制和更高质量的信号传输。

RC-135 "疣猪"侦察机

■ 简要介绍

RC-135 "疣猪"侦察机是美国空军装备的一款战略电子侦察机，以独特的头部整流罩而得名。它配备了先进的电子侦察设备，能够收集、处理和分析各种电子信号，包括雷达、通信、导航等，为军事行动提供重要的情报支持。

RC-135 "疣猪"侦察机的研发始于20世纪60年代，当时美国为了应对冷战时期的战略需求，开始在C-135运输机的基础上研制战略侦察机。经过多次改进和升级，RC-135衍生出多种型号，包括A、S、U、V、W、X等，以适应不同的侦察任务需求。

RC-135 "疣猪"侦察机自1964年服役以来，一直是美国空军重要的侦察装备之一，以卓越的侦察能力和广泛的侦察范围在全球范围内执行了多次侦察任务。该侦察机擅长在目标国沿海地区实施侦察行动，能够收集大量的电子情报信息，为美军提供了重要的战略支持。同时，它还参与了多次重大军事行动和危机处理任务，如海湾战争等，发挥了重要作用。

基本参数	
长度	46.6米
翼展	44.4米
高度	12.95米
空重	44.6吨
最大起飞重量	146吨
发动机	4台F-108-CF-201涡扇发动机
巡航速度	860千米/时
最大航程	12000千米

■ 性能特点

RC-135 "疣猪"侦察机与其前身C-135均是由波音707飞机改装而来的。RC-135 "疣猪"侦察机装备有高精度电子光学探测系统和先进的雷达侦察系统，可以收集对方预警、制导和引导雷达的频率等技术参数。同时，其机载电子侦察设备可以收集、处理制导导弹的电磁频谱及相关信息。

U.S. AIR FORCE

▲ RC-135"疣猪"侦察机内部

相关链接 >>

RC-135"疣猪"侦察机被美国空军视为与新一代军事侦察卫星和远程无人驾驶飞机并驾齐驱的21世纪最重要的侦察武器。它输送渠道多,对特别重要的情报,可以通过监听系统直接形成情报,分别传送给战区司令官、美国国防部、美国国家领导人。作战时美国空军常将RC-135"疣猪"侦察机与E-3"望楼"预警机配合使用。

WC-135"不死凤凰"核侦察机

■ 简要介绍

WC-135"不死凤凰"核侦察机是美国空军装备的一款专门用于核侦察的特种飞机，也是美国唯一一款用于空中收集核武器爆炸后产生的碎屑、粉尘等放射性物质的侦察平台。它采用先进的过滤器和采样器，通过从大气中收集微量的放射性微粒来识别和鉴定他国是否进行了核武器试验。

WC-135"不死凤凰"核侦察机最初是基于 C-135 运输机改装而成的。在冷战时期，为了应对核竞赛和监测他国核武器试验，美国空军决定研发一款专用的核侦察机。经过一系列的改造和升级，最终定型为 WC-135，后又衍生出 WC-135R 和 WC-135W 等型号。其独特的侦察能力，成为美国核侦察力量的重要组成部分。

WC-135"不死凤凰"核侦察机自 20 世纪 60 年代服役以来，一直活跃在全球各地的核侦察任务中。它曾多次被派往苏联地区、南亚以及东亚等地执行核武器试验的监测任务，以独特的侦察能力和广泛的服役经历，成为美国空军在核侦察领域的重要力量。

基本参数	
长度	42.5米
翼展	39.8米
高度	12.8米
最大起飞重量	136.3吨
发动机	4台TF33-P-5涡扇发动机
最大飞行速度	648千米/时
实用升限	12.2千米
最大航程	7408千米

■ 性能特点

WC-135"不死凤凰"核侦察机衍生出了不同的型号，且都性能优越，其中，WC-135R 携带有精密的传感器设备，可执行收集空气样本、进行核探测等任务，用于检测核武器试验、寻找与跟踪核泄漏和其他核事件。WC-135W 装备了能够收集大气中放射性微粒子的特殊过滤器和采样器，因此非常精密，可以采集到空气中微量的放射性气体和碎屑，其收集的样品将用于识别和鉴定他国是否进行核武器试验。

相关链接 >>

自 20 世纪 60 年代服役以来，WC-135"不死凤凰"核侦察机队执行了多次核侦察任务。1986 年，该侦察机执行了切尔诺贝利核电站事故评估任务并监测了灾难性爆炸后的空气质量。2011 年，在福岛核电站事故中，WC-135W"不死凤凰"核侦察机被部署于内布拉斯加州奥夫特空军基地，对日本周围大气中的放射性物质进行探测。

▲ WC-135 "不死凤凰"核侦察机

U-2S "蛟龙夫人"侦察机

■ 简要介绍

U-2S "蛟龙夫人"侦察机是美国空军一款单座单发高空侦察机，是 U-2 系列侦察机的最新型号。它被用于高空执行全天候侦察任务，以飞行高度高、续航时间长和多功能载荷能力而著称，是美国空军重要的情报收集平台。

U-2 系列侦察机的研制背景可以追溯到 20 世纪 50 年代中期，当时美国空军和中央情报局为了获取苏联等国的战略情报，需要一种能够飞得高且快的侦察机。洛克希德·马丁公司承接了这项任务，并在内华达州的格鲁姆湖秘密完成了 U-2 原型机的首飞。随后，经过多次改进和升级，U-2S "蛟龙夫人"侦察机于 1989 年开始交付美国空军，成为 U-2 系列侦察机的最新型号。

U-2S "蛟龙夫人"侦察机自服役以来，一直活跃在全球各地的侦察任务中。它以卓越的侦察能力和生存能力为美国提供了宝贵的情报信息。尽管面临着目标国防空系统的威胁，但 U-2S "蛟龙夫人"侦察机凭借其飞行高度和长航时能力，仍然能够执行高风险的侦察任务。

基本参数	
长度	19.2米
翼展	30.9米
高度	4.88米
空重	6.8吨
最大起飞重量	18.6吨
发动机	1台惠普J75-P-13B涡扇发动机
最大飞行速度	812千米/时
实用升限	24千米
最大航程	5633千米

■ 性能特点

U-2S "蛟龙夫人"侦察机的机翼纤长，拥有良好的高空性能。机身前部装有几台先进的高空侦察照相机，可以非常清晰地从约 20000 米的高空拍摄到地面上的目标。机内装有 4 部电子侦察雷达信号接收机、无线电通信侦收机、辐射源方位测向机和电磁辐射源磁带记录机，不仅能侦察到对方陆空联络、空中指挥的无线电信息，还能测出对方的雷达信号。

相关链接 >>

U-2S "蛟龙夫人" 侦察机相机的清晰度很高，在 18000 米的高空，仍可以将地面人员的活动清晰地显示出来。它还能在 21336 米的高空执行全天候侦察任务，在和平时期、危机爆发、小规模冲突和战争中为决策者提供重要情报。

此外，U-2S "蛟龙夫人" 侦察机亦用于电子感应器研发、确认和校准卫星资料。

▲ U-2S "蛟龙夫人" 侦察机

AT-6 "金刚狼"攻击机

简要介绍

AT-6 "金刚狼"攻击机是由美国 Beechcraft 公司（现为美国德事隆集团下属）在 T-6II 型教练机的基础上研发而成的一款轻型攻击机。该机保留了教练机的部分结构特点，如悬臂式下单翼、串联座舱和弹射座椅设计，并进行了武器化设计和性能提升，以适应攻击任务的需求。

2009 年，美国军方提出了设计轻型攻击机的计划，要求在短时间内研发并投入实战，以降低参与非常规战争的成本。军方预计购买 100 架该型攻击机，以补充和增强其在非对称战争中的作战能力。Beechcraft 公司基于其 T-6 II 型教练机，通过加装武器系统和改进性能，研发出了 AT-6 "金刚狼"攻击机。两款飞机在零部件上有高达 85% 的通用性，地勤服务也大致相同，大大简化了维护工作。

AT-6 "金刚狼"攻击机目前仍未大规模服役，美国军方仍在对其进行测试和评估。

基本参数

基本参数	
长度	10.16米
翼展	10.19米
高度	3.25米
空重	2.13吨
最大起飞重量	2.94吨
发动机	1台PT6A-68D涡桨发动机
最大飞行速度	580千米/时
最大航程	3000千米

性能特点

AT-6 "金刚狼"攻击机拥有机翼和机身挂载点，可携带武器和燃料，包括用于精确打击目标的激光制导炸弹，而且候选机型中有半数的飞机拥有 L-3 MX-15Di 传感器吊舱，即使夜间也能远程探测到敌方目标。AT-6E 与以前的 AT-6B、AT-6C 相比，最大的不同是具有 6 个翼下挂架，机身下还有一个附加站位，用于存放含有电光和红外摄像机的传感器转塔。

相关链接 >>

2021 年 11 月，泰国皇家空军与德事隆航空公司签订了一份价值 1.43 亿美元的合同，用于购买 8 架 AT-6"金刚狼"攻击机，这意味着泰国将成为该轻型攻击机的第一个国际客户。该公司声明 AT-6 在泰国的型号被指定为 AT-6TH，将全面取代泰国现有的老化的 L-39"信天翁"教练机。

▲ AT-6"金刚狼"攻击机

T-38 "鹰爪" 教练机

简要介绍

T-38"鹰爪"教练机是美国诺斯罗普公司（现并入诺斯罗普·格鲁曼公司）研制的双座双发超声速中级教练机，也是全球第一架全新设计的超声速教练机，用于取代美国空军老化的T-33教练机。该机以卓越的性能和安全性在美国空军中发挥了重要作用，并保持了超声速飞机的最佳安全纪录。

为了提升空军飞行员的训练水平，美国空军于1956年启动了超声速高级教练机的研发计划，诺斯罗普公司在自担风险的情况下，进行了长达两年的研发工作，最终成功研制出T-38"鹰爪"教练机。该机于1959年4月10日完成首飞，并于1961年3月正式服役。

T-38"鹰爪"教练机自服役以来，一直是美国空军飞行员培训的主力机型。其良好的飞行性能和安全性，使得超过80000名美国空军飞行员在该机上掌握了飞行技能。除了美国空军外，T-38"鹰爪"教练机还销往德国、土耳其、葡萄牙和韩国等国家及地区，并在全球范围内享有盛誉。

基本参数	
长度	14.13米
翼展	7.7米
高度	3.92米
空重	3.46吨
最大起飞重量	5.9吨
发动机	2台J85-GB-5涡轮喷气发动机
最大飞行速度	1310千米/时
实用升限	16.34千米
最大航程	1760千米

性能特点

T-38"鹰爪"教练机采用低安装的后掠翼，收放式起落架，机身进气口位于驾驶舱下，同时采用低安装的水平尾翼。动力装置为2台通用电气公司J85-GB-5涡轮喷气发动机，最大起飞重量5.9吨，高度为11000米时最大平飞速度每小时达1310千米。但据飞行员反映，驾驶该教练机飞行时会给人紧张感，因为该机的气动布局会造成不可忽视的偏航问题。

相关链接 >>

T-38"鹰爪"教练机强调全生命周期成本，这奠定了其超长时间服役的基础，加上美国空军合理规划和安排训练任务，该教练机一直在美国空军的飞行训练体系中发挥着应有的作用。T-38"鹰爪"教练机的发展和美国空军对它的应用，是发展应用教练机装备的典范。

▲ T-38"鹰爪"教练机

T-7A "红鹰"教练机

简要介绍

T-7A "红鹰"教练机是美国空军隶下的新一代高级教练机，由美国波音公司与瑞典萨博公司联合研制，旨在取代美国空军老旧的 T-38 "鹰爪"教练机，为飞行员提供更先进的培训体验。该机采用了一系列先进技术，包括电传操纵装置、全数字玻璃驾驶舱等，具备高 G 和高攻角性能、模块化系统架构以及易维护的设计。

为改变美国空军 T-38C 教练机机队过于老旧、维护费用昂贵且不适于培养第五代机飞行员的情况，美国空军于 2015 年启动了 "T-X 计划"。经过激烈的竞标，波音公司与瑞典萨博公司的联合方案中标。T-7A "红鹰"教练机于 2016 年开始研发，并于 2017 年首飞。在研发过程中，该教练机采用了数字工程流程、敏捷软件开发和开放式架构任务系统建造，大幅缩短了研发周期并降低了成本。

T-7A "红鹰"教练机计划于 2024 年开始服役，美国空军预计将采购超过 470 架 T-7A 教练机，以满足未来飞行员培训的需求。

基本参数	
长度	14.3米
翼展	10米
高度	4米
空重	3.25吨
最大起飞重量	5.5吨
发动机	1台F404-GE-402涡扇发动机
最大飞行速度	975千米/时
实用升限	15.24千米
最大航程	1840千米

性能特点

T-7A "红鹰"教练机采用了翼身融合体、双垂尾布局，使用 1 台 F404-GE-402 涡扇发动机。它采用全数字化设计，通过先进制造、敏捷软件开发和数字工程技术制造和测试，显著缩短了从设计到首飞的时间。同时还具有开放式架构软件，可以满足未来的任务需求。同时，T-7A "红鹰"教练机还有一定的对地攻击能力。

相关链接 >>

T-7A"红鹰"教练机采用红尾涂
装,用以纪念第二次世界大战时期的塔
斯基吉飞行队队员,这些飞行员组成了第一
支在美国军队服役的非裔美国航空部队,
是美国空军历史上最著名的单位之一。
T-7A"红鹰"教练机等的数字工程飞
机打破了传统的局限使未来战斗机
和轰炸机飞行员在不同领域得到
培训成为可能。

▲ T-7A"红鹰"教练机

KC-135 "同温层" 加油机

■ 简要介绍

KC-135 "同温层" 加油机是美国空军的一款重要装备，能够携带大量燃油，在空中为其他军用飞机提供加油服务，显著提升了战斗机的作战半径和作战灵活性。

KC-135 "同温层" 加油机的研发始于 20 世纪 50 年代，当时美国空军迫切需要一种能够支持远程战略轰炸机进行长时间、远距离作战的空中加油机。波音公司在其成熟的 C-135 军用运输机基础上进行了大量改进，设计出了 KC-135 "同温层" 加油机。该机于 1956 年 8 月完成首飞，并在经过一系列测试后，于 1957 年正式装备部队。

自服役以来，KC-135 "同温层" 加油机一直是美国空军的重要组成部分，至今仍然在役。该加油机以出色的加油能力和多任务适应性，参与了多次重大军事行动，为美军提供了关键的空中支援。尽管该加油机已经服役多年，但美国空军仍在通过现代化升级，如改进航电系统、通信设备和加油系统等，以确保其能够继续服役至 2040 年左右。

基本参数

基本参数	
长度	41.53米
翼展	39.88米
高度	12.7米
最大起飞重量	146吨
最大燃油量	90吨
发动机	4台普惠J57涡喷发动机
最大飞行速度	982千米/时
实用升限	15千米
续航距离	5552千米

■ 性能特点

KC-135 "同温层" 加油机采用伸缩套管式空中加油系统，加油作业的调节距离为 5.8 米，可以在上下 54°、横向 30° 的空间范围内活动，减少了在加油时让受油机降低高度及速度的麻烦，既提高了加油的安全性，也提高了受油机的任务效率。更让人惊奇的是，它可以同时给几架战斗机加油，前后油箱同时使用时，每分钟可以加油约 3028 升。

相关链接 >>

空中加油技术出现于1923年，空中加油机是专门给正在飞行中的飞机和直升机补加燃料的飞机，能使受油机增大航程，并且延长续航时间，增加有效载重，提高远程作战能力。空中加油机多由大型运输机或战略轰炸机改装而成，加油设备大多装在机身尾部或机翼下的吊舱内，由飞行员或加油员操纵。

▲ KC-135 "同温层" 加油机

KC-10A "补充者"加油机

简要介绍

KC-10A "补充者"加油机是美国麦克唐纳·道格拉斯公司（现已并入波音公司）在DC-10三发中远程宽机身运输机基础上为美国空军研发的空中加油机。该机以庞大的载油量和高效的加油能力著称，是当今世界上最大的空中加油机之一。

KC-10A "补充者"加油机的研制始于20世纪70年代，旨在弥补美国空军 KC-135 "同温层"加油机加油能力不足的缺陷。麦克唐纳·道格拉斯公司在 DC-10-30 民用飞机的基础上，进行了大量军用化改装，包括加装军用航空电子设备、卫星通信设备以及先进的空中加油系统等。1978 年，KC-10A "补充者"加油机的研发工作正式启动，并于 1980 年 7 月 12 日成功首飞。1981 年 3 月 17 日正式交付美国空军，至今已有超过 40 年的服役历史。

KC-10A "补充者"加油机以卓越的加油能力和多任务适应性，在多次重大军事行动中发挥了关键作用，包括海湾战争、阿富汗战争等。该加油机已于 2024 年 9 月 26 日全部退役。

基本参数

基本参数	
长度	54.35米
翼展	50.42米
高度	17.7米
空重	111吨
最大起飞重量	267吨
发动机	3台CF6-50C2型涡扇发动机
最大飞行速度	996千米/时
实用升限	12.8千米
续航距离	18507千米

性能特点

KC-10A "补充者"加油机 88% 的系统和民用型 DC-10-30CF 客货机是通用的，它配备了军用航空电子设备和卫星通信设备，以及麦克唐纳·道格拉斯公司生产的先进空中加油飞桁、锥套软管加油系统，并加了一个加油系统操作员座位和自用的空中加油受油管。20 架 KC-10A "补充者"加油机的外翼下安装了卷盘软管加油装置。除了基本油箱外，还在每架飞机的下层货舱的 7 个软油箱中储存了备用燃油。

相关链接 >>

2006年9月，美国空军与空中加油技术的引领者和综合商——史密斯航宇公司签订了一项总额约130万美元的合同，计划升级该机队的航电系统，以满足通信、导航、监视、空中交通管制的需要，该计划称为KC-10A"飞机现代化计划"，计划中还包含了其他与机体有关的升级工作。

▲ KC-10A"补充者"加油机

KC-46A "飞马"加油机

简要介绍

　　KC-46A "飞马"加油机是美国波音公司基于波音 767 客机研制的一款战略运输机和空中加油机。该机集成了先进的加油系统和多任务能力，旨在取代老旧的 KC-135 加油机，成为美军新时期的核心支持飞机。

　　KC-46A "飞马"加油机的研发始于 2006年，当时美国空军发布了"KC-X 计划"的投标申请书。经过欧洲空中客车公司和美国波音公司的激烈竞标，以及多次招标程序的调整，美国波音公司的 KC-767 方案最终于 2011 年 2 月 24 日被选中，并被命名为 KC-46A "飞马"加油机。波音公司在 767 客机的基础上进行了大量优化，加入了 787 的驾驶舱技术和非传统功能，使 KC-46A "飞马"加油机成为一款几乎全新设计的加油机。

　　首架 KC-46A "飞马"加油机于 2014 年 12月 28 日成功首飞，并于 2019 年 1 月 10 日正式交付美国空军。截至 2024 年 10 月，美国空军一共运营了 89 架 KC-46A "飞马"加油机。美国空军后勤司令部于 2024 年 11 月 21 日与波音公司签署合同，再次订购 15 架 KC-46A "飞马"加油机，生产工作将在华盛顿州西雅图进行，预计于 2028 年 6 月 30 日完成。

基本参数	
长度	50.5米
翼展	48.1米
高度	15.9米
空重	82吨
最大起飞重量	188吨
最大燃油量	96吨
发动机	2台PW4062涡扇发动机
巡航速度	980千米/时
实用升限	12千米

性能特点

　　KC-46A "飞马"加油机的结构基于波音767 客机，采用了最先进的技术和设备系统，以满足未来苛刻的任务要求。该机采用飞行控制设计理念，使机组人员可以进行指挥，以提高作战机动性；它还具有先进的 KC-10 加油吊杆，提高加油效率和飞行线路控制；该机还采用了中心线锥管系统，每分钟可以转移 1514升燃料，并且有一个每分钟可以移动高达 4542升燃料的动臂。

相关链接 >>

KC-46A "飞马"加油机也可作为战略运输机使用，飞机主舱可容纳216名人员，并具有重新配置的货物甲板地板，最多可以运载19个容积463升的货盘或10个容积463升的货盘和100名人员，可在载货3.4吨的情况下飞行9260千米。它还采用雷达警告接收机、驾驶舱装甲防护、甚高频卫星通信无线电、Link-16数据链和数字显示器等设备。

▲ KC-46A "飞马"加油机

C-130H/J "大力神" / "超级大力神" 运输机

■ 简要介绍

C-130H "大力神" 运输机和 C-130J "大力神" 运输机是美国洛克希德·马丁公司在20世纪50年代研发的一款中型四发涡桨多用途战术运输机，是 C-130 "大力神" 系列的重要型号。其中 C-130H 作为 "大力神" 系列的基本型号之一，自60年代起广泛服役于全球多国空军，以出色的低速低空性能、载重量大和航程远而闻名。C-130J "超级大力神" 运输机则是为了适应新时期环境变化和现代化战争需求而升级的改进型，在发动机和航空电子设备上进行了重大改进，配备了双人制高度自动化的驾驶舱，大幅提升了其飞行性能和可维护性。

自1999年首架 C-130J "超级大力神" 运输机交付以来，它已成为美国空军、海军陆战队和海岸警卫队的重要装备，以卓越的性能和广泛的应用领域，成为全球军用运输机领域的佼佼者。

基本参数（C-130J）	
长度	29.79米
翼展	40.41米
高度	11.61米
空重	34吨
最大起飞重量	74吨
发动机	4台AE-2100D3涡桨发动机
最大飞行速度	671千米/时
实用升限	10千米
最大航程	5250千米

■ 重要配置

C-130H "大力神" 运输机设计上最大的特点是力求满足战术空运的实际要求，因此它能在前线简易机场跑道上起降，非常适合执行各种空运任务。它拥有铝合金半硬壳结构的机身及大型的尾部货舱门。而 C-130J "超级大力神" 运输机除升级航电系统外，发动机亦改用劳斯莱斯公司的 AE-2100D3 涡桨发动机，飞行速度、作战距离都有十分明显的进步。

▲ C-130J "超级大力神" 运输机

相关链接 >>

　　C-130H/J "大力神"/"超级大力神"
运输机主要执行向战场运送或空投军
事人员和装备的任务，返航时可用于撤退伤
员。改型后还可用于电子监视、空中指
挥、控制和通信；此外还有搜索救援和
回收型、空中加油型、特种任务型、
气象探测型、海上巡逻型及空中预
警型。它是世界上设计最成功、
使用时间最长、服役国家最多
的运输机之一。

C-5M "超级银河"战略运输机

■ 简要介绍

    C-5M "超级银河"战略运输机是美国洛克希德·马丁公司研制的 C-5 "银河"战略运输机的现代化升级版本，以庞大的体型和卓越的运载能力著称，能够在全球范围内运载超大规模的货物，并在相对较短的距离内起飞和降落，是美国空军现役最大的战略运输机。

    C-5M "超级银河"战略运输机的研发旨在提升 C-5 系列运输机的性能和可靠性，通过换装新型引擎、升级航电系统等措施，使其能够继续服役至 2040 年。这一升级项目不仅增强了 C-5M "超级银河"战略运输机的运载能力，还提高了其可维护性和经济性。

    C-5M "超级银河"战略运输机自 2007 年完成升级并服役以来，已在全球多次军事行动和救援任务中发挥了重要作用。其强大的运输能力和可靠性得到了广泛认可，成为美国空军战略运输体系的重要组成部分。

基本参数	
长度	75.31米
翼展	67.89米
高度	19.84米
空重	172吨
最大起飞重量	418吨
发动机	4台CF6-80C2涡扇发动机
最大飞行速度	919千米/时
实用升限	10.89千米
最大航程	9165千米

■ 性能特点

    C-5M "超级银河"战略运输机载油量为 21.8 吨，起飞降落时只需要 450 米的飞机跑道并能够在 20 分钟内爬升到 10000 米以上的高空。它的运输能力惊人，比如运送 1.5 万名军人到欧洲，一般情况下要动用 234 架安 -124 运输机飞行 63 个小时才能完成任务，而它则只需要 42 架，飞行 13 个小时就能完成。

▲ C-5M "超级银河" 战略运输机

相关链接 >>

美国空军在 C-5 "银河" 战略运输机上采用了一系列革新技术，提高了其多种性能。C-5M "超级银河" 战略运输机具备空中受油能力，它的航程只受限于机组人员的忍耐力；它的先进起落装置可使其在世界各地机场起降；它还具有很高的运输灵活性，轮式和履带式车辆能够以自己的动力驶入和驶出其货舱，从而使笨重装备的装卸变得快速、便捷。

C-17A "环球霸王III" 运输机

■ 简要介绍

C-17A "环球霸王III" 运输机是一款由美国麦克唐纳·道格拉斯公司（现并入波音公司）于20世纪80年代研制的大型战略战术运输机。该机以强大的运载能力和灵活的部署能力而著称，是当今世界上唯一能够同时适应战略和战术任务的运输机。

C-17A "环球霸王III" 运输机的研发，旨在满足美军对新一代战略运输机的需求。经过多年的研发与测试，该机于1993年正式服役，并迅速成为美军空运力量的中坚力量。该机设计融合了最新的航空技术和作战理念，确保了其在全球范围内的卓越表现。

自服役以来，C-17A "环球霸王III" 运输机在多次重大军事行动和救援任务中发挥了关键作用。它参与了多次军事行动，为美军提供了强有力的空中支援。同时，该机还具备出色的短距起降能力，能够在未整修的跑道上起降，进一步提升了它的战术灵活性和适应能力。

基本参数	
长度	53.04米
翼展	51.81米
高度	16.79米
空重	125吨
最大起飞重量	285吨
发动机	4台F117-PW-100非加力涡扇发动机
最大飞行速度	830千米/时
实用升限	13.7千米
最大航程	11600千米

■ 重要配置

C-17A "环球霸王III" 运输机集战略和战术空运能力于一身，其货舱尺寸与外形尺寸与C-5 "银河" 战略运输机相当。货舱中能布置6辆卡车或者3辆吉普车，也可装运3架AH-64 "阿帕奇" 武装直升机。各种被空运的车辆可直接开入舱内。针对可承载62吨的M1A2型主战坦克，地板上布置了系留环、导轨、滚珠、滚棒系统等设施，能一次空投约50吨的货物或空降102名伞兵。

相关链接 >>

　　C-17A "环球霸王Ⅲ" 运输机采用
的外吹式襟翼利用4台涡扇发动机的尾
喷流冲刷机翼后缘以提高机翼升力，较好地
解决了飞机短距起降问题，这对运输机在
前线机场的起落非常有利，其起降距离
只有900米，甚至比某些战术运输机
还要短。

▲ C-17A "环球霸王Ⅲ" 运输机

UH-1N "双休伊" 直升机

■ 简要介绍

  UH-1N "双休伊" 直升机是美国贝尔直升机公司在1968年推出的一款中型军用直升机。该直升机以贝尔205机体为基础改良衍生而成，也被称为贝尔212或CH-135（在加拿大军队中的名称）。

  UH-1N "双休伊" 直升机的研发源于美军对更强大、更灵活的多用途军用直升机的需求。作为UH-1系列的改进型号，UH-1N "双休伊" 直升机采用了推进力更强大的发动机，确保直升机在各种环境下的卓越性能。此外，美国海军陆战队还对其大部分UH-1N "双休伊" 直升机进行了升级，以进一步提升飞行稳定性和安全性。

  UH-1N "双休伊" 直升机自1968年改造成功以来，已服役于多个国家的军队和军事组织。它以出色的性能和可靠性，在运输、搜救、侦察等多种任务中发挥了重要作用，并在多次军事冲突中展现出了卓越的战场适应性和作战效能。尽管随着新技术的不断涌现和新型直升机的问世，UH-1N "双休伊" 直升机逐渐开始退役，但它作为一代经典军用直升机的地位永远无法被替代。

基本参数	
长度	12.92米
高度	4.53米
机组人员	4名
发动机	1台T400-CP-400耦合涡轮轴发动机（改进后）
最大飞行速度	220千米/时
实用升限	5.3千米
最大航程	459千米

■ 性能特点

  UH-1N "双休伊" 直升机的主旋翼由2个加拿大普惠PT6T-3涡轮轴发动机推动，推进力达1800马力。美国海军陆战队修改了该直升机的大部分设备，加装了增稳和增稳控制系统，此系统移除了主旋翼顶部回转仪的稳定杆，改为电脑控制。该直升机的武器装备有9毫米火箭夹舱、GAU-16型12.7毫米重机枪和GAU-17型7.62毫米六管航空机枪或M240型7.62毫米通用机枪。

相关链接 >>

UH-1N"双休伊"直升机最初的任务是救护伤员，不过很快美军就发现其不仅能把伤员拉向后方，更能载运士兵冲锋，于是便把它投入了战场，作为美军标志性代表形象出现在媒体的新闻图片中。该系列直升机至20世纪70年代末仍是美国陆军突击运输直升机队的主力，从80年代开始逐渐被UH-60"黑鹰"直升机代替。

▲ UH-1N"双休伊"直升机

MH-53J/M "低空铺路者" 系列直升机

■ 简要介绍

MH-53J/M "低空铺路者" 系列直升机是美国西科斯基公司研制的特种作战直升机，是CH-53系列直升机的重要衍生型号，以强大的低空飞行能力和全天候作战性能著称。该机装备了先进的航电系统、探测设备和自卫武器，能够在复杂环境中执行渗透、撤离、运输及后勤保障等多种任务。

CH-53系列直升机在推出之后就不断进行升级和改进，早期型号如CH-53D主要用于两栖运输任务，随后发展为执行更多样化任务的MH-53E和MH-53H。MH-53J/M则是在此基础上进一步改进而来，重点提升了低空飞行能力、全天候作战性能。该机型于20世纪80年代末至90年代初开始服役，并迅速成为美国空军和海军特种作战部队的重要装备。

MH-53J/M "低空铺路者" 系列直升机自服役以来，在多次军事行动和救援任务中发挥了关键作用。它们能够深入敌后执行秘密任务，为特种部队提供必要的机动和后勤保障。同时，该机型还具备强大的反水雷能力，能够执行空基反水雷任务。

▲ MH-53J "低空铺路者" 直升机

基本参数（MH-53J）

长度	27米
高度	7.6米
空重	14.5吨
最大起飞重量	23吨
发动机	2台T64-GE-100涡轮轴发动机
最大飞行速度	310千米/时
实用升限	4.9千米
最大航程	1100千米

■ 性能特点

MH-53J/M "低空铺路者" 系列直升机为适应低空全天候渗透任务，装备了地形跟踪回避雷达、前视红外夜视系统和任务地图显示系统，还装备了惯性全球定位系统、多普勒导航系统、任务计算机，借助这些设备，该机能准确地自行导航和进入目标区域。该机装备有必要的自卫武器，包括反坦克武器、"迷你冈" 加特林机枪等，另外，该机还加装了定向红外干扰器装备。

相关链接 >>

　　MH–53J"低空铺路者Ⅲ代"直升机的主任务是于敌军战线后方投放和补给特种部队，或进行战场搜索和救援。机上装备的地形追踪雷达、红外线感应器等设备可以进行外科手术式低空渗透。虽然机身上有大量防护装甲，但是依然可以运载38名步兵同时加挂9000千克物资。MH–53M"低空铺路者Ⅳ代"直升机还可以通过即时战术电子命令更新系统，以适应目前反恐战环境。

▲ MH-53M "低空铺路者Ⅳ代" 直升机

HH-60G/W "铺路鹰" / "绿巨人" 直升机

■ 简要介绍

　　HH-60G/W "铺路鹰" / "绿巨人" 直升机是美国西科斯基公司研发的一系列战斗搜索与救援直升机，主要用于执行战斗搜索与救援任务，具备在复杂环境中昼夜实施行动的能力。

　　HH-60G "铺路鹰" 直升机是在 UH-60A "黑鹰" 直升机的基础上，通过升级导航、通信、雷达和传感系统等关键设备研发而来的。它配备了先进的导航、通信、雷达和传感系统，以及自卫武器。该直升机自研发成功以来，已在美国空军特种部队中服役，并参与了多次军事行动和救援任务。

　　然而，随着服役时间的增加，HH-60G "铺路鹰" 直升机逐渐显露出老化和性能不足的问题。因此，美国空军决定采购 HH-60W "绿巨人" 直升机以取代它。HH-60W "绿巨人" 直升机专门针对战斗搜索与救援任务进行设计，增加了内部载油能力、内部空间，并配备了更先进的航电设备和自卫套件，进一步提升了性能，集成了更先进的作战指挥能力和生存能力。2019 年，HH-60W "绿巨人" 直升机进入生产和交付阶段。

▲ HH-60G "铺路鹰" 直升机

基本参数（HH-60G）

长度	19.76米
高度	5.13米
空重	7.25吨
最大起飞重量	10.2吨
发动机	2台 T700-GE-700涡轮轴发动机
最大飞行速度	357千米/时
实用升限	4.3米
最大航程	600千米

■ 性能特点

　　HH-60G "铺路鹰" 直升机配备了集成的惯性导航/全球定位/多普勒导航系统，具备卫星通信、安全语音和快速通信等功能，确保在复杂的作战环境中能够保持有效的联络和方向感。还配备了彩色天气雷达、发动机、转子叶片防冰系统，从而具备了应对恶劣天气的能力。HH-60W "绿巨人" 直升机的模块化设计，可根据不同任务需求进行快速改装和配置，从而大幅提升其作战效能和适应能力。

相关链接 >>

在 HH-60W "绿巨人" 直升机的
第一次测试中，因为防护能力不过关，
驾驶舱的装甲直接被打穿，只能回炉重造，
直接在驾驶舱上增加了装甲厚度，但这也
让驾驶舱装甲的重量提升了20%，对航
程、速度等方面都有很大影响。

▲ HH-60W "绿巨人" 直升机

CV-22B "鱼鹰" 倾转旋翼机

■ 简要介绍

CV-22B "鱼鹰" 倾转旋翼机是美国贝尔公司与波音公司联合研制的一款具备垂直起降和短距起降能力的多用途飞机。该机结合了直升机的垂直起降能力和固定翼飞机的高速飞行特点，因此也被称为空中"混血儿"。

CV-22B "鱼鹰" 倾转旋翼机的研发始于20世纪80年代，旨在满足美国空、海、陆军及海军陆战队对新型远程高速垂直起飞飞机的需求。经过多轮试验和改进，CV-22原型机于1989年成功首飞，随后进入全面开发阶段。经过多次设计优化和飞行测试，CV-22B "鱼鹰" 倾转旋翼机最终于2006年进入美国空军服役。

CV-22B "鱼鹰" 倾转旋翼机在美国空军中主要执行特种作战、搜索救援、医疗救护等多种任务。独特的倾转旋翼设计使得其能够在没有跑道的地方起降，适应复杂的战场环境和气候条件。然而，该机也存在一些设计缺陷和安全隐患，导致飞行事故频发，曾多次被停飞进行整改。

基本参数	
长度	17.5米
翼展	14米
高度	6.73米
最大起飞重量	垂直起飞：23.98吨 滑跑起飞：27.44吨
发动机	2台AE1107C涡轮发动机
最大飞行速度	446千米/时
实用升限	7.62千米
作战半径	926千米

■ 重要配置

CV-22B "鱼鹰" 倾转旋翼机同时具备直升机和固定翼飞机的特点，一旦升空，翼尖短舱可以在12秒内向前旋转90°进行水平飞行，此时的CV-22B "鱼鹰" 倾转旋翼机转变成一架更省油、速度更高的涡轮螺旋桨飞机。这样可以减少飞机的磨损和运营成本，而且还拥有比直升机更远的航程和更快的飞行速度。

相关链接 >>

CV-22 和 MV-22 都是"鱼鹰"系列，用途各有侧重。MV-22 中的"M"表示多用途，其可以在各兵种之间通用，执行不同的任务，经过简单改装能形成多用途平台。CV-22 系列的核心是运输，它的航程、速度完全能够满足大量的人员、物资装备的运输要求。

▲ CV-22B "鱼鹰" 倾转旋翼机

"捕食者"无人机

■ 简要介绍

　　"捕食者"无人机是美国通用原子航空系统公司研发的一款中海拔、长时程无人机，具备侦察和攻击能力。

　　"捕食者"无人机的研发始于20世纪90年代初期，1995年，首架"捕食者"无人机试飞成功。它最初被设计为空中监视和无人侦察机，即RQ-1，有A、B两个型号，随着技术的不断升级，RQ-1A逐步演变为多用途无人机MQ-1B，装有光电/红外侦察设备、GPS导航设备和合成孔径雷达，具备全天候侦察能力，还可发射导弹执行攻击任务。

　　"捕食者"无人机自服役以来，在多个军事行动中表现出色。它以长航时、高精度侦察和打击能力，成为美国空军的重要装备之一。目前，美国空军仍在使用并不断改进"捕食者"无人机系统，以满足现代战争的需求。

基本参数（MQ-1B）	
长度	8.23米
翼展	14.8米
机高	2.1米
空重	0.513吨
最大起飞重量	1.02吨
发动机	1台914 4缸风冷涡轮增压水平对置活塞发动机
最大飞行速度	217千米/时
实用升限	7.6千米
最大航程	1100千米

■ 性能特点

　　RQ-1A/B型作为"捕食者"无人机的两种重要型号，主要用于侦察监视，装有合成孔径雷达、电视摄影机和前视红外装置，其获得的各种侦察影像可以通过卫星通信系统实时传送给前线指挥官或后方指挥部门。其合成孔径雷达作用距离为4～11.2千米，目标图像分辨率为0.3米，对固定目标的发现概率为95%，对活动目标的发现概率可达70%以上，能够监视140万平方千米的区域。

相关链接 >>

MQ-1"捕食者"无人机虽是一款攻击型无人机,可发射2枚AGM-114"地狱火"飞弹,它还可以扮演侦察角色。1995年至今,通用原子航空系统公司共生产了360架"捕食者"无人机,并参加过多次实战。

▲ "捕食者"无人机

RQ-4B "全球鹰"无人机

■ 简要介绍

RQ-4B "全球鹰"无人机是美国诺斯罗普·格鲁曼公司研发的一款高空长航时无人侦察机，以超长航时、高空飞行和强大的侦察能力著称，能够执行长时间、大范围的情报收集任务。它配备了高精度的传感器系统，能够全天候不间断地进行侦察作业。

RQ-4B "全球鹰"无人机的研发始于20世纪90年代初，旨在取代老旧的U-2侦察机。经过多轮试验和改进，首架原型机于1998年完成首飞。随后，该无人机不断升级和改进，衍生出多个型号，包括RQ-4A、RQ-4B Block 20、RQ-4B Block 30 等。RQ-4B Block 30 是目前美军主要使用的型号之一，具备更先进的侦察能力和更长的航程。

RQ-4B "全球鹰"无人机自服役以来，被广泛部署于全球各地，为美军提供了重要的情报支持。它曾参与多次军事行动和自然灾害救援任务，展现出卓越的性能。然而，随着技术的不断发展和国际形势的变化，该无人机也面临着退役和被替代的挑战。

基本参数

基本参数	
长度	14.5米
翼展	39.9米
高度	4.6米
空重	3.85吨
最大起飞重量	10.4吨
发动机	1台AE3007H涡扇发动机
最大飞行速度	650千米/时
实用升限	18千米
滞空时间	32小时

■ 性能特点

和普通无人机相比，RQ-4B "全球鹰"无人机的翼展超长，所以它拥有更长的航时和更高的升限，它能实现32小时飞行22780千米的航程并达到18000千米的巡航高度，拥有极强的滞空飞行能力，可以全天候实时监测。RQ-4B "全球鹰"无人机还装备了先进的侦察设备，包括高分辨率合成孔径雷达、电子光学和红外传感器，飞行一次就可侦察数百万平方千米的区域。

相关链接 >>

　　侦察能力强大的RQ-4B "全球鹰"无人机其实也有弱点，它没有装载防御反击系统，所以也就没有任何攻防能力，一旦被发现将面临被击落的风险。在面对恶劣的天气状况时，该无人机也无法在高空执行侦察任务，特别是碰到结冰云层时，由于没有装备相关防御系统，其飞行会受阻。

▲ RQ-4B "全球鹰" 无人机

MQ-9 "死神" 无人机

■ 简要介绍

　　MQ-9 "死神" 无人机是美国通用原子航空系统公司研制的一款中高空大型无人作战飞机，具有强大的侦察与打击能力，能够执行攻击、情报收集、监视与侦察等多种任务，是美国空军主要的攻击型无人飞行器。

　　MQ-9 "死神" 无人机的研发始于 20 世纪 90 年代，作为 MQ-1 "捕食者" 无人机的升级型号，MQ-9 "死神" 无人机在载弹量、速度和航程等方面均有显著提升。在研发过程中，其气动布局、动力系统和武器挂载能力不断得到优化，以满足多样化的作战需求。该机于 2003 年开始投产，并于 2007 年正式服役。

　　MQ-9 "死神" 无人机自服役以来，在阿富汗、伊拉克、也门等多个地区执行了数千次任务，展现了卓越的侦察与打击能力。它不仅能够执行定点清除任务，还能够为地面部队提供实时情报支持。此外，MQ-9 还具备长时间续航和远程操控的特点，使其能够在复杂多变的战场环境中发挥重要作用。

基本参数	
长度	11米
翼展	20米
高度	3.8米
空重	2.22吨
最大起飞重量	4.76吨
发动机	1台TP331-10T涡桨发动机
最大飞行速度	482千米/时
实用升限	15千米

■ 性能特点

　　MQ-9 "死神" 无人机装备有电子光学设备、红外系统、微光电视和合成孔径雷达，具备很强的情报收集、监视和侦察及对地面目标攻击的能力。它有 6 个武器挂架，可携带 14 枚 AGM-114 "地狱火" 空地反坦克导弹，或同时携带 4 枚 "地狱火" 导弹及 2 枚 GBU-12Paveway Ⅱ 激光制导炸弹。

▲ MQ-9"死神"无人机地面控制站

相关链接 >>

短距起降的MQ-9"死神"无人机具备出口潜力——虽然全球拥有真正意义上的航母的国家并不多，但是不少国家都拥有两栖攻击舰，MQ-9"死神"无人机舰载型能够执行近距离空中支援、空中预警等任务，如果部署在这些舰船上，显然能够使其战斗力得到较大提升。

RQ-170 "哨兵"无人机

■ 简要介绍

RQ-170 "哨兵"无人机是由美国洛克希德·马丁公司研制的一款主要用于对特定目标进行侦察和监视的隐身无人机，以卓越的隐身性能和高精度侦察能力著称。RQ-170 "哨兵"无人机是一种不携带武器的无人机，只专注于侦察任务。

RQ-170 "哨兵"无人机的研发可追溯至21世纪初，美国国防部为避免涉密装备落入他国之手，决心研发一款隐身无人机。洛克希德·马丁公司的"臭鼬"工厂承担了这一重任，成功设计出这款采用无尾飞翼气动布局、搭载涡扇发动机的隐身无人机。它的隐身性能得益于其先进的隐身材料和结构设计，如斜切式 M 形进气道唇口、电磁屏蔽格栅等。

RQ-170 "哨兵"无人机于 2007 年开始服役，因在阿富汗坎大哈国际机场首次露面而得名"坎大哈野兽"。

基本参数	
长度	4.5米
翼展	20米
高度	1.8米
发动机	ITF34涡扇发动机
续航时间	5～6小时
实用升限	15千米

■ 性能特点

RQ-170 "哨兵"无人机采用翼身融合布局的飞翼结构，内部空间很大。动力装置为涡喷或涡扇发动机，采用轮式起降方式，并采用了与 X-7B 类似的 A-6/F-14 战机的主起落架。机身采用中度灰色涂装，适合中空飞行。机体表面涂有美军开发的特殊材料，能避免被对方的雷达发现。

相关链接 >>

RQ-170"哨兵"无人机的诞生，完成了美军对于建设隐形侦察无人机的任务，填补了美军在此领域的空缺。其独特的设计与优越的性能，构成了美军侦察力量的重要一环。

▲ RQ-170"哨兵"无人机

美国陆军

　　美国陆军于第一次世界大战期间正式组建。20世纪初，美国正规军都是职业军人。

　　第二次世界大战爆发前，美国陆军规模较小。1939年，美国陆军现役军人总数在18万左右，而且军队的装备陈旧落后，战斗力低下。

　　1939年9月，第二次世界大战在欧洲爆发，美国陆军迅速扩军。到了1940年，美国国会批准将国民警卫队纳入联邦现役。美国国会又通过了美国历史上第一个和平时期征兵法案。1941年，美国成立陆军部队，以应对当时的国际形势，此时美国陆军总兵力达到160万左右，尽管人数在增加，但还是严重缺乏装备和训练有素的人员。第二次世界大战之后，士兵预备役部队和军官预备役部队合并，名为"美国陆军预备役部队"。

　　经过几十年的发展，现在的美国陆军是由预备役部队和正规军组成的。美国国民警卫队是很有特色的一支军队，是美国各州政府的武装力量，当他们得到美国陆军的征兵命令后，会转而成为美国陆军的预备役部队。

　　如今，美国国民警卫队仍然扮演着双重身份，既要维护各州政府日常社会治安的稳定，又要在美国本土遭到攻击时，快速成为美国陆军预备役部队中的战斗单位。

M109A6 "帕拉丁" 自行火炮

■ 简要介绍

M109A6 "帕拉丁" 自行火炮是美国陆军装备的一款高度现代化的自行榴弹炮系统，是M109系列自行榴弹炮的最新改进型，装备有先进的火控系统、导航系统和自动装填机构，能够在复杂多变的战场环境中提供精确、快速的火力支援，以出色的火力支援能力和战场机动性著称。

M109A6 "帕拉丁" 自行火炮的研发始于20世纪80年代，作为M109系列榴弹炮的改进型，旨在提升火炮的射程、射速和战场生存能力。经过多轮改进和测试，该火炮于1993年正式装备美国陆军，成为美军炮兵部队的主力装备之一。

自服役以来，M109A6 "帕拉丁" 自行火炮在多次军事行动中发挥了重要作用。其出色的火力和机动性使得它能够在短时间内对敌方目标进行精确打击，并提供持续有效的火力支援。同时，该火炮还具备高度的战场生存能力，能够在复杂多变的战场环境中保持作战效能。目前，M109A6 "帕拉丁" 自行火炮仍然是美国陆军及其盟国军队的重要装备之一，并在不断接受改进和升级。

基本参数	
长度	9.1米
宽度	3.1米
高度	3.3米
质量	27.5吨
射速	8发/分
有效射程	24~30千米
最大速度	56千米/时
最大行程	700千米
乘员	4人（车长、炮长、驾驶员和装填手）

■ 性能特点

M109A6 "帕拉丁" 自行火炮采用了现代化的火控系统，主武器为一门M284式155毫米榴弹炮可自动进行火炮定位和诸元装定。其从接获射击命令、完成射击准备到第一发炮弹发射仅需不到60秒，静置时间只需30秒，能够以 "机动—射击—机动" 的方式遂行火力打击任务。

相关链接 >>

M109A6 帕拉丁自行火炮的副武器为炮塔右侧的 1 挺 M2 式 12.7 毫米机枪，还可加装 Mk19 Mod 3 式 40 毫米自动榴弹发射器、M60 式 7.62 毫米机枪或 M240 式 7.62 毫米机枪。其装甲为 20 毫米铝合金装甲，炮塔内衬加装凯夫拉尔防弹板，以提高防御轻武器的能力。

▲ M109A6 "帕拉丁"自行火炮

M270 多管火箭炮

简要介绍

M270 多管火箭炮，是一款由美国联合英国、德国、法国和意大利共同研发、生产的装甲自行多管火箭炮系统。该系统具备强大的火力支援能力，能够发射多种类型的火箭弹或导弹，对敌方阵地、装甲、空防等目标进行有效打击和压制。

M270 多管火箭炮的研发始于 1976 年，由美国、德国和英国率先研制，随后法国和意大利也加入了这个项目。该系统在设计时充分考虑了机动性、火力和防护能力的平衡，旨在应对苏联等国的地面支援武器系统。经过 7 年的开发和测试，M270 多管火箭炮在 1983 年正式装备美国陆军和多个北约国家陆军。

自服役以来，M270 多管火箭炮在全球多个地区参与了多次军事行动，展现了其强大的火力支援能力。在海湾战争中，M270 多管火箭炮更是大放异彩，为美军提供了重要的火力支援。此外，M270 多管火箭炮还被多个国家采用，这些国家的 M270 多管火箭炮在结构和性能上基本保持一致，但也有一些细微的差别。

基本参数	
长度	6.85米
宽度	2.97米
高度	2.59米
质量	24.95吨
口径	227毫米（火箭） 610毫米（导弹）
射速	18发/分（火箭） 12发/分（导弹）
最大速度	64.3千米/时
作战范围	640千米
乘员	3人

性能特点

M270 多管火箭炮的发射车采用 M993 高机动、轻型装甲履带车，其越野能力和机动性可以与 M1 坦克相媲美。该火箭炮可发射 M26 双用途子母火箭弹、At-2 反坦克火箭弹、M26A1 增程火箭弹、制导火箭弹和灵巧战术火箭弹。其炮载火控系统和发射机械系统采用了快速中央处理器、激光陀螺、全球定位系统接收器，以及激光多普勒雷达测风仪等新型技术。

相关链接 >>

M270 多管火箭炮的标准火箭和陆军战术导弹系统导弹可以交替使用其导弹容器，而且每个容器可容纳 6 枚标准火箭或 1 枚已导航的导弹。M270 多管火箭炮亦能够同时控制 2 个导弹容器，其在 1 分钟内可发射 12 枚 227 毫米火箭弹或 2 枚 ATACMS 导弹，能够完全覆盖 1 平方千米的范围，效果相当于集束炸弹。

▲ M270 多管火箭炮

M142 "海马斯" 多管火箭炮

■ 简要介绍

M142 "海马斯" 多管火箭炮是美国于 20 世纪 90 年代研发的一种基于轮式底盘的多管火箭炮, 旨在提升部队的快速反应能力和火力支援能力。该火箭炮可发射多种类型的火箭弹和导弹, 从而实现对敌目标的精确打击。

M142 "海马斯" 多管火箭炮的研发旨在取代当时以履带为底盘的 M270 多管火箭炮, 以提高系统的机动性。该系统采用 M1083 型货车为底盘, 并结合洛克希德·马丁公司的导弹火控发射系统, 形成了具备高度机动性和精确打击能力的现代火箭炮系统。经过多轮测试和评估, 该火箭炮于 2005 年投入批量生产并正式服役。

自服役以来, M142 "海马斯" 多管火箭炮在多次冲突和战争中发挥了重要作用。高机动性和精确打击能力使其成为战场上不可或缺的火力支援装备。美国还将其出口到盟国, 以支持他们的国防建设。

基本参数	
长度	7米
宽度	2.4米
高度	3.2米
质量	16.25吨
口径	227毫米(火箭) 610毫米(导弹)
有效射程	300千米
最大速度	85千米/时
作战范围	480千米
乘员	3人

■ 性能特点

M142 "海马斯" 多管火箭炮主要由火箭的发射器、车辆底盘、火控系统以及自动装填系统组成, 机动性很强。它采用 6 根联动火箭发射器, 可以装配陆军战术导弹或其他多种类型的弹药, 普通火箭弹射程 42 千米, 陆军战术导弹射程可以达到 300 千米。其弹体上装有 GPS 制导系统, 不仅保证了飞行速度, 也大大提高了打击精度。

相关链接 >>

M142"海马斯"多管火箭炮的特点就是反应快，该炮每个弹仓单元都是模块化设计，具有高度集成的特点，装填不需要一联一联分装，而是6联发射器模块一次性安装，且发射车上加装有起重吊车，所以1名乘员5分钟即可完成一次装（换）弹。而且由于采用轮式底盘，它能在发射后快速撤离阵地。

▲ M142"海马斯"多管火箭炮

M777 榴弹炮

■ 简要介绍

M777 榴弹炮是由英国 BAE 系统公司研制的一款超轻型牵引式榴弹炮，以卓越的机动性和精确打击能力著称，是目前世界上最轻的155 毫米榴弹炮之一。

M777 榴弹炮的研发始于 1997 年，旨在满足美军及其盟友对轻便、灵活且火力强大的榴弹炮系统的需求。该炮在设计中大规模采用钛和铝合金材料，以降低重量并提高机动性。经过多轮测试和改进，M777 榴弹炮于 2000 年正式量产并装备美国军队，随后逐渐被多国部队所采用。

M777 榴弹炮自服役以来，在多次军事行动中发挥了重要作用。其卓越的机动性和精确的打击能力使得它能够在短时间内对敌方目标进行有效打击，并提供持续的火力支援。

基本参数

基本参数	
长度	10.7米
炮管长度	5.08米
质量	3.4吨
口径	155毫米
射速	一般射速：2发/分 最高射速：5发/分
炮口初速	828米/秒
有效射程	40千米
炮班编制	8人

■ 性能特点

M777 榴弹炮是第一种采用熔模精密铸造钛材料的陆战火炮系统，共使用了 28 个熔模精密铸造钛部件，不过炮管还是由传统的特种钢制造。该炮装有数字式火控系统、炮载计算机、激光陀螺惯性导航自动定位定向设备和夜间观瞄器材。由于采用了数字式火控系统，能提供导航、定向和火炮自身定位，因此，其比老式的拖曳式和空运榴弹炮能更快地投入交火作战。

相关链接 >>

M777 榴弹炮的整体各部组件大量
采用钛合金、铝合金等航空级新材料，
使全炮重量更轻，尺寸更小，可以由美军装
备的 V-22 倾转旋翼机、CH-47 直升机吊
运或卡车牵引行驶，因此能比其他重型
火炮更快地进出战场。该炮的小尺寸
特点也提高了军用仓库和航空或海
军运输的储存和运输效率。

▲ M777 榴弹炮

M72 轻型反装甲武器

■ 简要介绍

M72 轻型反装甲武器是一款由美国研制的 66 毫米口径的抛弃式火箭筒，由发射器和 1 枚预装填的火箭弹组成。它专为单兵设计，具备轻便、易携带的特点，主要用于对装甲目标、炮位、碉堡、建筑或车辆进行破坏。

M72 轻型反装甲武器的研发始于 1958 年，由美国赫西东方公司（又称黑森东方公司）负责。该武器的设计初衷是提供一种轻便、易操作且高效的单兵反坦克武器，以应对当时环境下的装甲威胁。经过数年的研发和改进，M72 于 1962 年定型，并开始投入生产。

M72 轻型反装甲武器于 1963 年初被美国陆军及海军陆战队正式采用，并迅速取代了 M31 反坦克枪榴弹和 M20A1 巴祖卡火箭筒，成为重要的单兵反坦克武器。此后，M72 轻型反装甲武器被广泛装备于美军部队，并在多次冲突中发挥了重要作用。由于其携带和使用方便，该武器还出口到了多个国家。

基本参数	
质量	0.0025吨
长度	0.89米
口径	66毫米
发射模式	单发
枪口初速	134米／秒
有效射程	0.17千米
最大射程	1千米

■ 性能特点

M72 轻型反装甲武器由 1 个两截式的筒状发射管及装在其中的一枚火箭弹组成。当武器尚未展开的时候，其外壳为水密组件，可以保护其中易受潮的火箭弹。它是便携式的，可从任一侧肩扛发射，并且只配有一发弹药。该武器不需要频繁维护，只要偶尔进行一次简单的检查和维护就行。其机械瞄准具的前瞄准器，为测瞄合一的网络分划板。

▲ M72 轻型反装甲武器

相关链接 >>

随着复合装甲技术的发展，66 毫米战斗部的侵彻能力已经难以应付新一代的中型装甲车辆了，因此美军采用瑞典的 AT4（美军型号 M136）代替了 M72 轻型反装甲武器系列。M72 系列因其尺寸比 M136 要紧凑，更方便携带，所以至今仍然被美军部队少量装备。近几年，美军又针对城市战的需求将其改进成发射温压弹，或是具有密闭空间内发射能力的城市战武器。

M136 反坦克火箭筒

■ 简要介绍

M136 反坦克火箭筒是一款由瑞典 FFV 军械公司研制的轻型反坦克武器。它主要装备于步兵部队，用于对付装甲车辆和其他坚固目标。

1976 年，瑞典 FFV 军械公司应瑞典陆军要求，开始研制 AT4 式 84 毫米火箭筒，旨在取代老式的小口径火箭筒。经过数年努力，AT4 在 1982 年研发完成后便进入试生产阶段。在 1983 年的美国陆军轻型反坦克武器选型试验中，AT4 凭借其卓越性能脱颖而出，成功吸引了美国陆军的注意。随后，美国阿里安特技术设备公司获得了 AT4 的特许生产权，重新设计后将其命名为 M136 反坦克火箭筒。

自 1985 年起，美国陆军大量采购并装备 M136 反坦克火箭筒，成为其主要的轻型反坦克武器之一。该火箭筒因其优异性能而广受赞誉，并逐渐在国际上得到推广和应用，成为多国军队的重要装备。

基本参数	
质量	0.0067吨
长度	1.016米
口径	84毫米
发射模式	单发
枪口初速	285米／秒
有效射程	0.3千米
最大射程	2.1千米

■ 性能特点

M136 反坦克火箭筒属于预装弹、射击后抛弃的一次性武器，采用无后坐力炮发射原理。它包括火箭筒、铝合金文杜里喷管、击发机构、简易机械瞄准具、肩托、背带，以及前后保护密封盖等。简易机械瞄准具由"山"字形准星和可调的同心内外环照门组成，也可使用微光瞄准镜和光电火控系统。该武器可发射空心装药破甲弹。

相关链接 >>

只需要1枚M136反坦克火箭筒就能够炸翻一辆坦克，这样的任务只需要一名士兵就能够完成。火箭筒发射后，整个穿甲的过程，被分为接触、烧灼、破甲等几个阶段。在破甲以后，瞬间带来高热和大范围的杀伤碎片，增加了车体内产生的峰值高压，还伴随有致盲性强光和燃烧。

▲ M136 反坦克火箭筒

M3 多用途穿甲反坦克武器系统

■ 简要介绍

  M3 多用途穿甲反坦克武器系统英文缩写为 MAAWS，是一种由美国引进并改进的多用途单兵轻型穿甲武器系统，由瑞典萨博集团公司生产的"卡尔·古斯塔夫"M3 型无后坐力炮改进而来。该系统集成了多种弹药，具备反装甲、攻坚和杀伤等多种能力，是特种部队执行突袭、设防与防御等任务的理想武器。

  美国陆军在 2006 年开始试装备该武器，之后在保持"卡尔·古斯塔夫"M3 型原有优点的基础上，进行了适应性改进，以满足美军的实际作战需求。

  M3 多用途穿甲反坦克武器系统自引入美军后，被迅速部署到排级作战单位，成为美军特种部队的重要装备之一。在多次军事行动中，该武器凭借出色的反装甲能力和灵活性发挥了重要作用，成为美军地面作战中的得力助手。

基本参数	
质量	0.007千克
长度	1.1米
口径	84毫米
发射模式	单发
枪口初速	255米／秒
有效射程	1千米
最大射程	1.3千米

■ 性能特点

  M3 多用途穿甲反坦克武器系统可发射多种不同种类的弹药，包括双用途高爆弹、高爆反坦克弹以及新研制的反人员飞镖弹。其中，双用途高爆弹具有触发引信和延时引信两种引爆模式。在选择延时引信时，其弹头会先穿透房屋墙壁后再引爆，能有效杀伤躲藏在房屋中的打击目标，十分适合巷战攻坚。

相关链接 >>

为了满足现代战场的需求，美国陆军对 M3 多用途穿甲反坦克武器系统进行了一系列改进，最终形成了 M3 E1 版本。该系统打造时使用了钛合金，使得系统重量减轻，长度缩短。并且改进了瞄准系统，提高了射击精度，配备了综合火控系统，增强了在各种环境下的作战能力。

▲ M3 多用途穿甲反坦克武器系统

BGM-71 "陶" 式反坦克导弹

■ 简要介绍

BGM-71 "陶" 式反坦克导弹是美国休斯飞机公司在 20 世纪 60 年代研制的一种重型反坦克导弹系统，该导弹采用有线制导方式，具备高穿甲能力和精确打击能力。

冷战时期，为了应对苏联坦克的威胁，美国陆军急需一种新型反坦克导弹。1963 年至 1968 年，休斯公司成功研制出 XBGM-71A 原型导弹，并于 1968 年获得全面生产合同。随后，该导弹在 1970 年正式服役于美国陆军，正式命名为 BGM-71 "陶" 式反坦克导弹。

自服役以来，该导弹在多次战争中表现出色，已成为美国及其盟友军队中不可或缺的反坦克武器，成为世界上最受欢迎的反坦克导弹之一。随着技术的发展，导弹不断进行改进和升级，目前已有多个改进型号，如 TOW-2、TOW-2A/B 等，这些型号在射程、穿甲能力和制导精度等方面均有所提升。

基本参数（BGM-71C）

长度	1.17米
口径	152毫米
翼展	0.46米
发射质量	28.1千克
穿甲	1030毫米
速度	278米/秒
最大射程	3.75千米

■ 性能特点

BGM-71 "陶" 式反坦克导弹的核心组件包括射管、火控、发射架和导弹。导弹本身具有传统的空气动力学形状，其特点是具有良好轮廓的机身和短鼻锥。4 个由弹簧展开的弹翼安装在中后部，在飞行过程中帮助稳定导弹姿态，弹翼在导弹发射后立即弹出。根据型号的不同，其装甲穿深从 430 毫米到 900 毫米不等。

相关链接 >>

由于 BGM-71 "陶" 式反坦克导弹是一种光学跟踪的目视武器，目标的视觉接触是导弹发射时需要考虑的重要因素，因此操作员必须在导弹击毁目标前一直瞄准目标。由于发射后需要用导线为飞行路径提供校正信息，因此操作员必须在导弹发射后的整个飞行过程中将目标保持在他的视野范围内，而不是像 "地狱火" 导弹那样 "发射后不管"。

▲ BGM-71 "陶" 式反坦克导弹

FIM-92"毒刺"便携式防空导弹

■ 简要介绍

FIM-92"毒刺"便携式防空导弹是一款由美国通用动力公司研发、雷神公司制造的单兵便携式防空导弹，主要用于城市作战和野战条件下单兵和地面装备对低空目标的打击。该导弹采用红外线制导热追踪以及紫外线物体追踪技术，具有较高的命中率。

FIM-92"毒刺"便携式防空导弹的研发始于1972年，是FIM-43防空导弹的改进型。在研发过程中采用了多项先进技术，如红外线制导、紫外线追踪等，以提高导弹的命中率和抗干扰能力。随着技术的不断进步，还发展出了多种衍生型号，如FIM-92B、FIM-92C、FIM-92D等，以满足不同环境下的作战需求。

FIM-92"毒刺"便携式防空导弹于1981年开始服役于美国军队，除了美国军队外，世界上多个国家的军队也装备了该导弹，成为国际军事合作与交流的重要产品。在多次军事冲突和战争中，该导弹均表现出色，成功击落了多架敌机。

基本参数	
弹长	1.52米
弹径	70毫米
重量	13.3千克
翼展	91毫米
发射筒长	1.83米
发射方式	单兵肩射
战斗部	破片杀伤式弹头，重量3千克
射程	5千米
射高	3千米

■ 性能特点

FIM-92"毒刺"便携式防空导弹由握柄座单元、发射管组件两大主要组件构成，可由一名射手肩扛发射。它采用红外制导，可以在目标接近时捕获目标，从而有更长的时间瞄准并摧毁目标。同时其也是一种便携式防空系统，其配套的导弹可以从各种车辆和直升机上发射。

相关链接 >>

FIM-92"毒刺"便携式防空导弹早期重复编程的微处理器即将报废，为了尽早解决这个问题，2020年11月10日，美国陆军发布了有关替换现有便携式防空导弹系统的新需求，要求新的导弹系统要与短程防空车辆上使用的"毒刺"通用发射器相兼容，并且能够对付固定翼飞机、旋转翼飞机以及无人机。

▲ FIM-92"毒刺"便携式防空导弹

MIM-104 "爱国者" 防空导弹

■ 简要介绍

　　MIM-104 "爱国者" 防空导弹是美国雷神公司研制的一款全天候、多用途中程防空导弹系统。该导弹系统于 1967 年开始研制，历时多年，于 1984 年正式装备部队，取代了之前的 MIM-14 防空导弹，成为美军主要的中高空防空武器。

　　MIM-104 "爱国者" 防空导弹系统的研发旨在应对复杂的作战环境和空中威胁，特别是针对 20 世纪 80 年代以后出现的空中突击力量。它具备多种型号，包括 PAC-1、PAC-2 和 PAC-3 等，并逐步对其进行升级，以增强防空和反导能力。

　　在海湾战争中，"爱国者" 导弹首次参加实战并表现出色，成功拦截了伊拉克的战术导弹。至今，该导弹系统仍然是美国及其盟友防空体系的重要组成部分，被广泛部署于全球各地，以应对各种空中威胁。

基本参数（PAC-3）	
长度	5.31米
直径	0.255米
翼展	0.51米
质量	0.32吨
弹头重	0.073吨
最大拦截高度	不超过15千米
最大射程	80千米

■ 性能特点

　　MIM-104 "爱国者" 防空导弹最新型 PAC-3 拦截弹，是由一级固体助推火箭、制导设备、雷达寻的弹头、姿态控制与机动控制系统等组成的。弹头与助推火箭在飞行中，始终保持一个整体。其作战距离 30 千米，作战高度 15 千米，最大飞行速度为每小时 7387 千米。为了增大拦截目标的有效直径，以便靠动能摧毁目标，该导弹的拦截弹配备了 "杀伤增强器"。

相关链接 >>

　　MIM-104"爱国者"防空导弹能在电子干扰的环境下阻挠高、中、低空来袭的飞机或巡航导弹，也能阻挠地地战术导弹。该导弹系统的自动化程度高，一部相控阵雷达就可以对目标进行查找、探测、跟踪以及辨认，对空射击反应时间仅15秒。

▲ MIM-104"爱国者"防空导弹

FGM-148"标枪"反坦克导弹

■ 简要介绍

FGM-148"标枪"反坦克导弹是美国洛克希德·马丁公司和美国雷锡恩公司联合研制的一款便携式反坦克导弹系统,具备高精度、高机动性和"发射后不管"等特点。它不仅能够有效摧毁坦克、装甲车等地面目标,还具备反直升机能力,是现代战场上不可或缺的重要装备。

随着冷战时期苏联军队武器装备的升级,美国陆军急需一种新型便携式反坦克导弹来应对威胁。1989年6月,美国陆军发布了研制FGM-148"标枪"反坦克导弹的合同,由洛克希德·马丁公司和雷锡恩公司联合组建合资公司负责具体研制工作。经过多次试验和改进,该导弹于1992年8月首次试验成功,1994年进入量产阶段,1996年正式列装美军。

FGM-148"标枪"反坦克导弹服役于美国陆军及海军陆战队后,迅速成为其重要的反坦克装备。在多次实战中,FGM-148"标枪"反坦克导弹均表现出色,成为美军打击敌方装甲部队的重要武器。此外,该导弹还出口到多个国家和地区,并在国际军贸市场上享有很高的声誉。

基本参数	
长度	1.08米
口径	127毫米
发射质量	系统全重:0.0223吨 一次性发射筒和导弹:0.01588吨 控制发射装置(CLU):0.00642吨
弹头	8.4千克纵列锥形装药高爆穿甲弹(HEAT)
最大射程	4.75千米

■ 性能特点

FGM-148"标枪"反坦克导弹系统由导弹和发射装置组成,采用两级固体推进器。采用红外焦平面阵导引头,实现全自动导引,主要用于精准摧毁各种坦克和装甲车辆。该导弹不仅能肩扛发射,也可以安装在轮式或两栖车辆上发射,具有反直升机能力和昼夜作战性能。

▲ FGM-148"标枪"反坦克导弹

相关链接 >>

　　FGM-148"标枪"反坦克导弹全发射组件总重量有0.0223吨,虽然整体重量在2人步兵单位可以携带的范围内,但还是比陆军期待的重量要重,从而使"标枪"小队成为美国陆军部署负荷最重的基本步兵单位。除了其重量超标外,另一不利之处是它对热像仪索敌的依赖度高,地表快速升温和降温的现象可能会干扰其对预定目标的辨认和锁定。

M1 "艾布拉姆斯"主战坦克

■ 简要介绍

M1 "艾布拉姆斯"主战坦克是美国通用动力陆地系统公司为美国陆军及海军陆战队设计生产的第三代主战坦克，以强大的火力、出色的机动性和坚固的防护力而著称。该坦克以美国陆军参谋长克赖顿·艾布拉姆斯命名，以纪念他对美国陆军的杰出贡献。

20 世纪 60 年代末至 70 年代初，美国陆军开始寻求替代 M60 "巴顿"系列坦克的新型主战坦克。在此期间，美国尝试了多个先进坦克项目，如 T95 和 MBT-70，但由于技术复杂和成本高昂而未能成功。1972 年，美国陆军重新启动了新一代主战坦克的研发计划，并于 1976 年推出了 XM1 原型车。经过严格测试和评估，XM1 凭借其出色的性能赢得了美国陆军的青睐，并于 1979 年开始量产，被命名为 M1 "艾布拉姆斯"主战坦克。

基本参数（M1A2）	
长度	9.83米
宽度	3.66米
高度	2.89米
质量	64.6吨
主武器	120毫米口径44倍径M256A1滑膛炮，备弹42发
副武器	1挺12.7毫米口径勃朗宁M2重机枪，备弹900发；2挺7.62毫米口径M240通用机枪，备弹10400发
发动机	1台AGT-1500燃气涡轮发动机，1500马力
速度	71.42千米／时
作战范围	412千米
乘员	4人

■ 性能特点

M1 "艾布拉姆斯"主战坦克装备了当时先进的数字式射控计算机、激光测距仪、热影像仪等设备，夜战能力极强。另外，它还采用了液气悬挂系统和弹簧悬挂系统，能够在不同的地形上行驶，并且可以快速响应命令进行转移和机动，其车头和炮塔正面等薄弱部位加装了复合装甲，其他部位则是高等级钢甲，对脱壳穿甲弹等有较强的防御能力。

相关链接 >>

M1"艾布拉姆斯"主战坦克的衍
生型号 M1A2 SEP 主战坦克采用的第
二代前视红外夜视仪可实现宽视场和窄视
场的转换，放大倍率可选择 3 倍、6 倍、
13 倍、25 倍乃至 50 倍。在执行监视任
务时，其前视红外夜视仪可用低倍率
来确保宽视场和清楚的目标图像；
在对目标进行敌友识别时用窄视
场，可采用 50 倍放大倍率去辨
别目标特征。

▲ M1"艾布拉姆斯"主战坦克

M113 装甲输送车

■ 简要介绍

　　M113 装甲输送车是一款由美国生产的履带式装甲运输车辆，主要被设计用于运送步兵及装备，并在战场上提供一定的防护能力。它以良好的机动性、较大的载员量以及能够适应多种地形的能力而著称。

　　M113 装甲输送车诞生于 20 世纪 50 年代，由食品机械化学公司与凯撒铝业公司合作研发，采用了当时先进的铝合金材料，实现了轻量化与防护力的良好平衡。经过多次测试和改进，T113 原型车于 1956 年推出，并于 1960 年正式定型为 M113 装甲输送车，开始装备美国陆军。

　　M113 装甲输送车虽然已服役长达数十年，但至今仍是多国军队的重要装备之一。以优异的机动性、较大的载员量以及适应多种地形的能力，在多次军事冲突中发挥了重要作用。此外，M113 还衍生出了多种改型车辆，如火力支援车、装甲救护车等，进一步拓展了其作战能力。由于出色性能和广泛应用，它已成为国际军贸市场上的热门产品，被超过 50 个国家引进。

■ 性能特点

　　M113 装甲输送车是由制造飞机的铝合金材质打造的，虽然减轻了质量，却拥有和钢铁同级的防护力和更紧密的结构。M113 在车顶上可加装各式中型武器，最常见的是 M2 重机枪或 40 毫米 MK 19 自动榴弹发射器，也可装上无后坐力炮、反坦克导弹、多管火箭炮、对空导弹、火焰喷射器等各种武器。

基本参数（基本型）	
长度	4.863米
宽度	2.686米
高度	2.5米
战斗全重	12.3吨
速度	64千米/时
最大行程	360千米
乘员	11人

相关链接 >>

  M113 装甲输送车的产量极大，是
20 世纪后半叶以来生产数量最多的装
甲车，有超过 80000 辆的 M113 遍布世界诸
多国家和地区，其以成本低、改装方便著
称。至今仍有众多 M113 的各种改型在
世界各地服役，在现代军事史上有重
要地位。

▲ M113 装甲输送车

M2"布雷德利"步兵战车

■ 简要介绍

M2"布雷德利"步兵战车是美国研制的一款中型战斗装甲车辆，主要用于伴随步兵机动作战，提供火力支援和战场掩护。由于其具备强大的火力、良好的防护性能和优异的机动性，不仅可以独立作战，还能与坦克等重型装备协同作战，有效提升了步兵部队的作战能力。

该战车的研发始于20世纪70年代，旨在替代老旧的M113装甲输送车。经过多轮设计提交和不断改进，方案最终获胜，并发展出XM2步兵战车。1980年，美国陆军正式将其命名为M2"布雷德利"步兵战车，并于1981年正式量产。

自1981年起，M2"布雷德利"步兵战车开始装备美国陆军，并迅速成为其主力装备之一，它强大的火力和良好的防护性能得到了实战的验证。该战车不仅在美国陆军中广泛装备，还出口到多个国家和地区，成为国际军贸市场上的热门产品。

基本参数	
长度	6.55米
宽度	3.2米
高度	2.565米
质量	30.4吨
最大速度	66千米/时
作战范围	483千米
乘员	3人

■ 性能特点

M2"布雷德利"步兵战车的主要武器是1门M242"大毒蛇"25毫米链式机关炮；弹种有曳光脱壳穿甲弹、曳光燃烧榴弹和曳光训练弹。其衍生型号M2A1型装备有"陶2"式反坦克导弹，并配有新型炮弹采用新的装甲防护，换装了大功率发动机，改善了火控系统。

相关链接 >>

M2"布雷德利"步兵战车的不足之处体现在其装甲防护能力相对薄弱。尽管采用了铝合金和钢装甲的混合结构以减轻重量并提高机动性，但这种设计牺牲了防护性能，使其在面对大口径机关炮、反坦克导弹等现代战场上的重型武器时显得脆弱。此外，其车身尺寸较大，增加了被攻击的风险。

▲ M2"布雷德利"步兵战车

"史崔克"装甲车

■ 简要介绍

　　"史崔克"装甲车是美军为 21 世纪世界新局势而设计的一款新式八轮装甲车，具有高度的机动性、兼容性、快速部署和生存能力，以出色的综合性能，被誉为美军快速战斗旅的核心战斗平台。

　　为了适应冷战后全球各地不同强度的局部武装冲突，美国陆军于 1999 年提出了"美国陆军转型计划"，旨在开发一种介于防护能力强但机动性稍差的 M2"布雷德利"步兵战车和机动性强但防护能力稍差的"悍马"之间的新型装甲车。美国通用动力子公司通用陆地系统 GDLS 基于瑞士的"水虎鱼"装甲车和加拿大的 LAV-3 装甲车的技术基础，设计并生产了"史崔克"装甲车。该装甲车于 1999 年投产，产量在 2400 辆以上。

　　自投产以来，"史崔克"装甲车迅速成为美军的重要装备之一，它采用模块化设计，可根据任务需求灵活配置不同的武器系统和装备。在实战中，"史崔克"装甲车展现了其优秀的机动性和生存能力，但也暴露出了一些问题，如装甲防护力相对较弱等。为此，美国陆军对其进行了多次改进和升级。

基本参数	
长度	6.98米
宽度	2.71米
高度	2.64米
质量	16.47吨（未加装炮）
速度	97千米/时
作战范围	500千米
乘员	11人

■ 性能特点

　　"史崔克"装甲车最大的特点是可直接由 C-17 运输机或 C-130 运输机进行空中运输，因而它具有其他重型装备无法相比的战略和战术机动性。该车内有 1 座 40 毫米自动榴弹发射器和 1 挺 12.7 毫米机枪，也可以加装 25 毫米机关炮，可遥控进行重机枪射击，有效减少人员伤亡，同时可安装多种数字通信和监视设备，实现信息共享。

▲ "史崔克"装甲车

相关链接 >>

　　"史崔克"这个名字来源于美国陆军的两名士兵：一名是在东南亚阵亡的上士罗伯特·史崔克；另一名是在第二次世界大战中阵亡的一等兵斯图亚特·史崔克，两人都被授予美国国会荣誉勋章。这是美国陆军第二次以军人名字命名的武器，上一次是在20世纪80年代以第一次世界大战时期英雄约克的名字为防空部队命名了一种火炮。

高机动性多用途轮式车辆

■ 简要介绍

高机动性多用途轮式车辆，俗称"悍马"，是一款由 AM General 公司为美军设计并制造的全轮驱动军用轻型卡车，具有机动性强、用途广和越野性能良好等优点。它取代了之前的吉普车和其他轻型军用车辆，成为美军的重要装备之一。

20 世纪 70 年代中期，美军为了发展一种能搭载先进武器系统的轻型轮式车辆，提出了高机动性多用途轮式车辆的研发计划，旨在解决现役装备中缺乏满足改装需求的轻型轮式载具平台的问题。经过多轮研发，高机动性多用途轮式车辆于 1980 年正式推出原型车。之后经历了严苛的测试，包括在沙漠地区的各种地形条件下进行的性能测试，最终，该车凭借出色的性能赢得了美军的青睐。

自 1985 年首批高机动性多用途轮式车辆交付美军以来，已经服役了近 40 年。它不仅在美国陆军中被广泛使用，还出口到 50 多个国家和地区。此外，该车还衍生出多种改型车辆，以满足不同的作战需求。

基本参数	
长度	4.72米
宽度	2.16米
高度	1.8米
质量	2.34吨（未加武器）
速度	125千米/时
作战范围	443千米
乘员	6人

■ 性能特点

高机动性多用途轮式车辆车身极为宽大，动力装置为功率 150 马力的 V8 水冷柴油机和自动变速器，方向盘带动力转向助力，操作极为轻松。轮胎为泄气保护轮胎，并可以选装轮胎气压中央调节装置。底盘与 M1A1 主战坦克不相上下，具有突出的越野性能。车体采用高强度合成树脂和铝合金，重量轻、强度高、可以空运，非常符合快速部署的要求。

相关链接 >>

可以说，高机动性多用途轮式车辆就是轻型军用卡车的世界标准，"低自重、高性能、四轮驱动、便于空运和空投的地面机动系统"是对这个车族最精练的概括。其前后轮均配有双A臂独立悬架，螺旋弹簧和液压双作用减震器，可提供40%的滑坡能力和60%的爬坡能力，是一部具备特殊用途武器平台的轻型战术车辆。

▲ 高机动性多用途轮式车辆

重型增程机动战术卡车

简要介绍

重型增程机动战术卡车是一款为提升美军后勤补给能力而专门设计的八轮驱动越野卡车，也被称为"龙卡车"，特别是针对战斗车辆和武器系统的重型运输需求。

该卡车的研发始于 20 世纪 80 年代初，旨在替换当时美军性能不足的 M520 卡车。经过对多个制造商提案的评估，美国陆军最终选择了奥什科什公司的方案。该方案采用八轮传动设计，能够承载重达约 9.1 吨的货物。同时大量采用商用载重车的成熟零件，特别是引擎与变速箱总成，以降低研发风险和后续维护的难度。

该卡车自 1982 年起在美国陆军服役，以出色的运输能力和越野性能，在多次军事行动中发挥了重要作用。其多样化的车型配置，如货车、油罐车、拖车等，满足了不同的战场需求，成为美军后勤补给体系中的重要组成部分。

基本参数	
长度	10.2米
宽度	2.4米
高度	2.8米
质量	17.5吨
速度	62千米/时
作战范围	483千米
乘员	2人

性能特点

美国海军陆战队使用的重型增程机动战术卡车的款型具有豪士科置替式物流载具系统，底盘车架除了 M984 吊车外，都采用降伏强度 758 帕斯卡的碳锰钢制造。这种款型的一体化的车身搭配一种液压吊臂，可以直接将货柜拉上后车板。该车还使用多种模组化的发电机组和后拖板，其发电机组也可以当成野战基地的电力来源。

相关链接 >>

重型增程机动战术卡车是美国陆军使用的 8×8 柴油越野战术卡车，绰号为"牵引式货车"，目前有超过 13000 台在美国陆军服役。该车的主要任务是为战斗车辆和武器系统的补给提供重型运输，巨大的负载能力和越野能力使其成为重要物资与装备运输的参与者。

▲ 重型增程机动战术卡车

CH-47 "支奴干"运输直升机

■ 简要介绍

CH-47"支奴干"运输直升机是由美国波音公司研发并制造的一款多功能、双发动机、双旋翼的中大型运输直升机，因独特的双旋翼纵列式结构而著称。该机以卓越的载重能力、悬停稳定性和高速巡航能力，在军事和民用领域均有广泛应用。

20 世纪 50 年代，美国陆军为满足日益增长的空中运输需求，开始寻求新的重型运输直升机。1958 年，美国伏托尔公司（后被波音公司收购）赢得了该项目的竞标，开始研发 CH-47"支奴干"运输直升机。该直升机采用双旋翼纵列式结构，有效解决了旋翼相互干扰的问题，提高了飞行稳定性和载重能力。经过多轮测试和改进，CH-47A 型于 1962 年正式投入美军服役。

自服役以来，CH-47"支奴干"运输直升机已成为美军最重要的重型运输直升机之一，并在全球范围内执行了大量兵力投送、物资补给和伤员撤离任务。随着技术的发展，CH-47 经历了多次升级改进，目前 CH-47F 是现役的最新型号。

基本参数（CH-47F）

长度	30.1米
旋翼直径	18.3米
高度	5.7米
空重	11.14吨
最大起飞重量	22.68吨
发动机	2台T55-GA-714A型涡轮轴发动机
最大飞行速度	315千米/时
实用升限	6.1千米
最大航程	2060千米

■ 重要配置

CH-47"支奴干"运输直升机机身为正方形截面，半硬壳结构，驾驶舱、机舱、后半机身和旋翼塔基本上为金属结构。机身后部有货运跳板和舱门，小型车辆可通过这扇门自由进出机舱。CH-47 在战斗中一般会在机身两侧的舷窗处各安装 1 挺 7.62 毫米 M60 机枪自卫，机枪支架上有停止机构可防止机枪手击中自己的旋翼。在空袭任务中，1 个 7 人小组外加 30 发装弹量的 155 毫米 M198 榴弹炮是其常规装备。

相关链接 >>

英国皇家空军是美国陆军之外最忠实的CH-47"支奴干"运输直升机的用户。20世纪60年代初，英国皇家空军就装备了布里斯托"贝尔维迪"纵列双旋翼直升机，但由于该机的诸多缺陷，1967年英国国防部决定采购同样是纵列双旋翼布局的"支奴干"来取代"贝尔维迪"，此后，CH-47"支奴干"运输直升机深受英国军队喜欢。

▲ CH-47"支奴干"运输直升机

AH-6 "小鸟" 攻击直升机

■ 简要介绍

AH-6 "小鸟" 攻击直升机是美国陆军特种作战部队的重要装备，以卓越的飞行性能和多样化的任务配置，成为执行特种作战、侦察、运输、火力支援等任务的重要工具。

AH-6 "小鸟" 攻击直升机的研发可以追溯到休斯直升机公司在 20 世纪 60 年代研制的 369 型原型机，该原型机成功赢得了美国陆军的"轻型侦察直升机计划"的项目合同，并被命名为 OH-6A 型。经过多个批次的改进，OH-6A 逐渐演变为 MD500 "防御者"，并进一步发展为 AH-6 系列和 MH-6 系列。这些直升机在动力装置、旋翼系统等方面进行了大幅度提升，显著增强了总体性能。

AH-6 "小鸟" 攻击直升机自研发成功以来，一直在美国陆军特种作战部队中服役，其以快速反应、灵活机动和强大的火力支援能力，在多次特种作战中发挥了关键作用。近年来，该直升机不断接受现代化改造，如换装更强大的发动机、升级航电系统等，也有可能出现无人化、智能化等新型号，以适应未来战场的需求。

基本参数	
长度	9.936米
旋翼直径	8.352米
高度	2.67米
空重	0.722吨
最大起飞重量	1.406吨
发动机	1台T63-A-5A或T63-A-700涡轮轴发动机
最大飞行速度	282千米/时
实用升限	5.7千米
最大航程	430千米

■ 性能特点

AH-6 "小鸟" 攻击直升机可执行如训练、指挥和控制、侦察、轻型攻击、反潜、运输和后勤支援等任务，空中救护型可载 2 名空勤人员、2 副担架和 2 名医护人员。作为攻击直升机时，它能携带的武器很多，有美军标准的 7.62 毫米机枪、30 毫米机关炮、70 毫米火箭发射巢、"陶"式反坦克导弹等武器，甚至还能挂载"毒刺"导弹进行空战。

相关链接 >>

AH-6"小鸟"攻击直升机的机身与休斯 MD 500 直升机的机身基本相同，其蛋形机身上均采用了醒目的气泡罩。AH-6"小鸟"攻击直升机装有"地狱火"导弹和 70 毫米空射火箭，能为地面和空中特种作战提供支援。

▲ AH-6"小鸟"攻击直升机

OH-58"基奥瓦"侦察直升机

■ 简要介绍

OH-58"基奥瓦"侦察直升机是美国贝尔直升机公司研制的一款单引擎、单旋翼的轻型直升机,具备出色的侦察和监视能力。其独特的设计和先进的航电系统,成为美军在多种军事行动中的重要侦察工具。

OH-58"基奥瓦"侦察直升机源于美国贝尔公司20世纪60年代初研制的206型直升机,经过多次改进,该直升机逐渐发展出多种型号。其中,OH-58D是最新且最具代表性的型号,配备了先进的桅顶瞄准具、四叶复合材料主旋翼和更大功率的发动机,显著提升了侦察和火力支援能力。

OH-58"基奥瓦"侦察直升机自1968年起在美军服役,至今仍在部分任务中发挥作用。其在多次军事行动中凭借优异的侦察和情报收集能力,在特定任务中发挥着不可替代的作用。同时,随着技术的不断进步,该直升机也在持续接受升级改造,以适应现代战争的需求。

基本参数	
长度	10.31米
旋翼直径	10.8米
高度	2.59米
空重	1.28吨
起飞重量	2.495吨
发动机	1台250-C30R涡轮轴发动机
最大飞行速度	120千米/时
实用升限	4.575千米
最大航程	556千米

■ 性能特点

OH-58"基奥瓦"侦察直升机的主要任务包括野战炮兵观测,同时为激光制导炮弹提供目标照射;还可以利用自身的观瞄装置进行目标坐标计算和测距,再经卫星通信设施传输目标信息,使地面炮兵能实时精确地发起攻击;也可为其他飞机提供类似的支援。必要的时候,还可用自身携带的武器发起攻击。

相关链接 >>

OH-58"基奥瓦"侦察直升机的长相很特别的地方在于它有一个"小脑袋"，两只圆圆的"眼睛"。这个"小脑袋"是旋翼瞄准具，虽然它的体积不大，但里面的设备却十分先进，有可以放大12倍的电视摄像机，有自动聚焦的红外线成像传感器，还有激光测距仪，具有主动跟踪目标和自动校靶功能。

▲ OH-58"基奥瓦"侦察直升机

AH-64 "阿帕奇" 武装直升机

■ 简要介绍

AH-64"阿帕奇"武装直升机是美国陆军的主力重型、双座攻击直升机，以强大的火力、卓越的机动性和先进的航电系统而闻名。它专为攻击地面装甲目标而设计，是现代战场上的重要空中支援力量。

AH-64"阿帕奇"武装直升机的研发始于20世纪70年代，作为AH-1"眼镜蛇"直升机的后继型号，旨在满足美国陆军对新一代武装直升机的需求。经过多轮竞标，当时的休斯直升机公司的YAH-64方案最终被选中，并发展为AH-64"阿帕奇"武装直升机。经历多次改进和升级，包括换装更强大的发动机、升级航电系统、增加武器挂载能力等，逐步形成了AH-64A、AH-64D和AH-64E等多个型号。

AH-64"阿帕奇"武装直升机于1986年正式服役，并迅速成为其主要的攻击直升机之一。在多次军事行动中，AH-64均发挥了重要作用，展现了其强大的攻击能力和生存能力。除了美国陆军外，AH-64还出口到多个国家和地区，如英国、以色列、荷兰等。

基本参数	
长度	17.76米
旋翼直径	14.63米
高度	3.87米
空重	5.165吨
最大起飞重量	10.433吨
发动机	2台T-700-GE-701发动机
最大飞行速度	365千米/时
实用升限	6.4千米
最大航程	1900千米

■ 性能特点

AH-64"阿帕奇"武装直升机采用全关节式四叶片主尾旋翼、双发动机、后三点轮式起落架、双人纵列式座舱等构型，机体结构强韧，驾驶员座位的装甲可以承受俄制ZSU-23机关炮的射击。其固定武装为1门安装在机鼻的30毫米M230链炮，可挂载1具M-261型19联装"海蛇怪-70"火箭发射器或M-260型7联装70毫米火箭发射器以及AGM-114"地狱火"反坦克导弹。

相关链接 >>

AH-64"阿帕奇"武装直升机是
美国陆军继 AH-1 系列之后的第二款
武装直升机，因其卓越的性能、优异的实战
表现，自诞生之日起，一直是世界上武装
直升机综合排行榜第一名。经过改装的
AH-64A 更是世界上最强劲且最精密
复杂的武装直升机，其观测、射控
系统与作战能力均优于任何一种
21 世纪之前服役的其他西方武
装直升机。

▲ AH-64"阿帕奇"武装直升机

UH-60 "黑鹰" 通用直升机

■ 简要介绍

UH-60 "黑鹰" 通用直升机是由美国西科斯基公司研制的四旋翼、双发、多用途直升机,能够执行战术人员运输、电子战、空中救援等多种任务。该直升机设计先进,结构坚固,是美军的重要装备。

UH-60 "黑鹰" 通用直升机的研发始于20世纪70年代初,旨在替代当时美军广泛使用的UH-1直升机,以解决其在高温、高海拔等极端环境下的性能不足问题。经过激烈的竞争和严格的测试,西科斯基公司的YUH-60A方案最终脱颖而出。1974年,第一架原型机成功首飞,又经过多次改进和测试,UH-60A于1979年正式进入美国陆军服役。

UH-60 "黑鹰" 通用直升机自服役后,以卓越的性能在全球范围内得到了广泛应用。它不仅可以执行战术人员运输任务,还可以用于电子战、空中救援等多种场合。除美国外,还有20多个国家和地区购买了该直升机,这些出口型号一般被称作S-70直升机。为了满足现代战争的需求,该直升机不断进行升级和改进,产生了UH-60L和UH-60M等新型号。

基本参数	
长度	19.75米
旋翼直径	16.35米
高度	5.13米
空重	4.819吨
最大起飞重量	11.11吨
发动机	2台T700-GE-701涡轴发动机
最大飞行速度	357千米/时
实用升限	5.79千米
最大航程	834千米

■ 性能特点

UH-60 "黑鹰" 通用直升机具有后三点式固定起落架,配备了重型减震器,可承受硬着陆,机身下还装有滑橇,以便在雪地或沼泽起降。滑动舱门前方机枪手窗口外各安装1挺机枪,最初为M60D型7.62毫米机枪,后改为M134型7.62毫米6管加特林 "迷你炮" 机枪。另外,该直升机还升级了自卫对抗系统,包括用于干扰热寻导弹的AN/ALQ-144 "迪斯科灯"、AN/APR-44雷达告警接收机等。

相关链接 >>

UH-60"黑鹰"通用直升机的衍
生型号 UH-60L 换装了 T700-GE-701C
发动机,并增强了变速箱,还改进了尾桨控
制系统。早期批次的 UH-60L 保留了 UH-
60A 的飞行控制系统,这限制了可用功
率。但美军很快就升级成了海军型
S-70B"海鹰"使用的自动飞行控制
系统,可充分利用新发动机和传
动总成的功率。

▲ UH-60"黑鹰"通用直升机

图书在版编目（CIP）数据

美国尖端武器 / 吕辉编著 . -- 北京 : 海豚出版社，
2025.5. --（军迷·武器爱好者丛书）. -- ISBN 978-7-
5110-7371-6

Ⅰ . E92-49

中国国家版本馆 CIP 数据核字第 202570KP98 号

出 版 人：王　磊

责任编辑：肖惠蕾　王　婵
责任印制：蔡　丽
法律顾问：北京市君泽君律师事务所　马慧娟律师　刘爱珍律师
出　　版：海豚出版社
地　　址：北京市西城区百万庄大街 24 号
邮　　编：100037
电　　话：010-68325006（销售）　010-68996147（总编室）
传　　真：010-68996147
印　　刷：河北松源印刷有限公司
经　　销：全国新华书店及各大网络书店
开　　本：1/16（720mm×1020mm）
印　　张：13.5
字　　数：200 千
印　　数：10000
版　　次：2025 年 5 月第 1 版　2025 年 5 月第 1 次印刷
标准书号：ISBN 978-7-5110-7371-6
定　　价：99.00 元